Lern-Detektive®
Schritt für Schritt zum Übertritt

Mathematik 4– 99

Deutsch 100–192

Ravensburger Buchverlag

So funktioniert dieses Buch

Mit diesem Übungsbuch wiederholst du wichtige Lernthemen der Fächer Mathematik und Deutsch. Das Besondere dabei: Du kannst selbst bestimmen, wie schwer die Aufgaben sein sollen, die du üben willst. Und das geht so:

S Beginne immer bei Start. Bearbeite beide Seiten: Hier wiederholst du in einfachen Aufgaben, was du aus der Schule kennst. Wenn der Platz auf der Seite nicht reicht, arbeite in einem Extra-Übungsheft. Deine Ergebnisse kontrollierst du mit der roten .

Jetzt kannst du entscheiden, wie du weiterüben willst:

1 Level 1 enthält mittelschwere Aufgaben zum Thema.

2 Level 2 enthält schwierigere Aufgaben zum Thema.

Du kannst zwischen Level 1 und Level 2 springen, wie du möchtest. Sei aber ehrlich:
Wenn du bei Level 2 Probleme hast, empfehlen wir dir, es doch zuerst bei Level 1 zu versuchen.

T Bearbeite den Test am Ende jedes Themas, wenn du denkst, dass du alles verstanden hast. Nach dem Test darfst du „Lehrer spielen“ und selbst korrigieren. Die Lösungen zu den Mathematik-Tests findest du ab Seite 80, die zu den Deutsch-Tests ab Seite 174.

Beobachte deine Fortschritte: Zähle pro Test alle deine Punkte zusammen und trage sie in die Tabelle ein. Die Tabelle für Mathematik findest du auf Seite 84, die für Deutsch auf Seite 178.

Danach gibt’s ein bisschen Spaß. Auf der farbigen Seite kannst du rätseln, knobeln, spielen und schmunzeln. Lege das Übungsbuch anschließend bis zum nächsten Tag zur Seite.

Du kannst auch zwischen den Aufgaben eine Pause machen. Diese Pausen sollten aber nicht länger als 5 Minuten dauern. Überlege, was dir in 5 Minuten Kraft zum Weiterüben gibt.

Am Ende jedes Übungsbereichs findest du ein Regelbuch mit wichtigen Regeln und Tipps zum Nachschlagen. Lies dir vorher unbedingt Seite 86 und Seite 180 durch.

Mathematik

S

Zahlen bis 1 000 000

1 a) Weißt du, welche Zahl hier dargestellt ist? ✓
Trage sie in das Kästchen ein. 4306 [redacted]

b) Wie viele Kästchen hat Konfetti weiß übermalt? ✓
Schätze zuerst. Zähle dann genau nach.

2 Welche Zahlen hat Karlo hier in Geheimschrift gezeichnet?
Fülle die Stellenwerttafel aus. Das Beispiel hilft dir. ✓

Bildliche Darstellung	T	H	Z	E
⬡ □□□ |||| ••	1	3	4	2
⬡⬡⬡ □□□□□ ||| ••••	3	5	3	4
⬡⬡ □□□□□□□ || •••	2	7	2	3
⬡⬡⬡⬡⬡⬡ |||||| •••••	6	0	6	5

3 Zerlege die Zahlen in Aufgabe 2 so:

1 342 = 1 000 + 300 + 40 + 2

3534 = 3000 + 500 + 30 + 4
2723 = 2000 + 700 + 20 + 3
6065 = + 6000 + 60 + 5

4 Zähle in Hunderterschritten vorwärts und rückwärts. √

a) 4 300, 4 400, 4'500, 4'600, 4'700

b) 9 700, 9 600, 9'500, 9'400, 930[illegible]

5 Bei welchen Zahlen stehen die Fähnchen? √

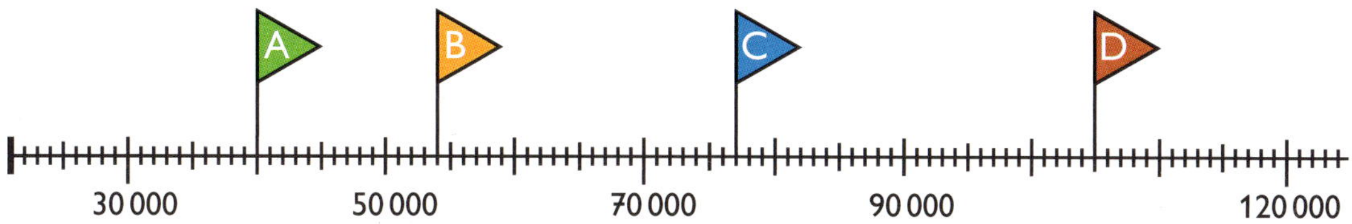

A: 40'000

B: 54'000

C: 77'000

D: 105'000

6 Vergleiche die Zahlen. Setze < oder > ein. √

2 104	<	2 401	34 567	<	56 789
6 211	>	6 012	21 395	>	21 346
666 303	<	666 330	128 260	>	128 060

7 Bilde mit den Kärtchen 4-stellige Zahlen.
Verwende dabei jede Ziffer nur einmal.
Welche Zahlen liegen zwischen 5 600 und 5 900?

5876, 5867, 5786, 5768, 57

? Wo willst du weiterüben? → Level 1 → Level 2

1 Zahlen bis 1 000 000

1 Schreibe jeweils den Vorgänger und den Nachfolger auf.

_____ 134 _____ [redacted]

_____ 120 _____

_____ 678 _____

_____ 9 111 _____ [redacted]

_____ 8 920 _____

_____ 12 345 _____

2 Findest du Nachbarzehner (NZ) und Nachbarhunderter (NH)?

NZ

_____ 523 _____

_____ 2 454 _____

_____ 8 816 _____

[redacted]

NH

_____ 1 124 _____

_____ 933 _____

_____ 3 467 _____

3 Bilde aus den Ziffern jeweils die kleinste und die größte Zahl.

	kleinste Zahl	größte Zahl
2 6 9 3	_____ [redacted]	_____ [redacted]
8 6 7 5	_____	_____
1 2 8 9 4	_____	_____

4 Trage die Zahlen in die Stellenwerttafel ein.

a) zwölftausenddreihundertzehn

b) zweiundachtzigtausendvierhundertsieben

c) dreiundvierzigtausendzweihunderteins

ZT	T	H	Z	E

[redacted]

5 Ordne die Zahlen im Heft. Beginne mit der kleinsten Zahl.

25 307 11 098 32 432 45 011 9 789

[illegible]

6 Setze Konfettis Sprungreihe fort.

12 350	12 400	…	12 750

[illegible]

7 Ergänze die fehlenden Zahlen. Was fällt dir auf?

123 + ______ = 130 [illegible]

1 230 + ______ = 1 300 [illegible]

12 300 + ______ = 13 000 [illegible]

______ – 6 = 382 [illegible]

______ – 60 = 3 820 [illegible]

______ – 600 = 38 200 [illegible]

______________________________ [illegible]

8 Fülle die Rechenhäuser aus.

1 000	
400	______
550	______
915	______

[illegible]

3 000	
2 200	______
______	60
______	850

[illegible]

10 000	
8 600	______
______	5 300
370	______

[illegible]

? Traust du dich jetzt an Level 2?

2 Zahlen bis 1000 000

1 Ergänze die Zahlenreihen so, dass die Zahl in der Mitte je einen Vorgänger und Nachfolger hat.

a)		7 461		b)	9 999		
c)			54 321	d)		15 211	

2 a) Ordne die Zahlen von groß nach klein.

200 082, 625 801, 357 208, 623 018, 41 108

____

b) Schreibe von der größten und kleinsten Zahl in a) auf:

die Nachbarhunderter ________ ________

________ ________

die Nachbartausender ________ ________

________ ________

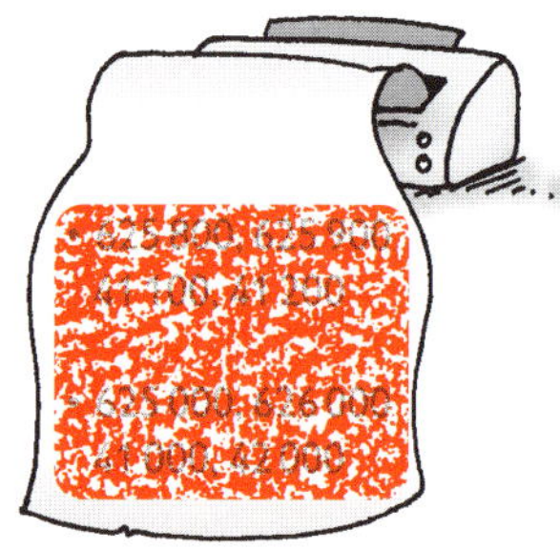

☐ Nein, ich mache weiter.

☐ Ja, ich schaue noch einmal Regel 6 an.

☐ Ja, ich versuche es später noch einmal.

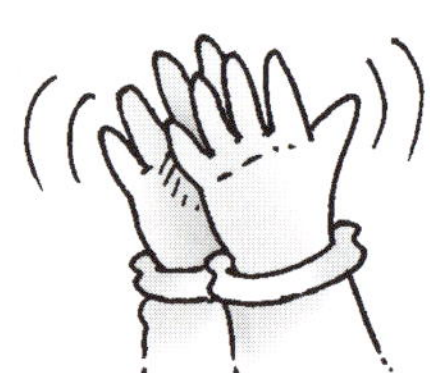

3 Setze die Zahlenfolgen fort. Klatsche bei jeder Zahl.

a) 114 040, 114 060, …, 114 180

b) 35 700, 35 650, …, 35 350

4 Schreibe die Zahlenwörter als Ziffer. Achte auf die Nullen.

zweiundzwanzigtausendsiebenundvierzig ______

siebenundsiebzigtausendneunundfünfzig ______

5 Gib die Ergebnisse in der Stellenwertschreibweise an.

a) 42 – 15 = ______

b) 4 200 – 1 500 = ______

c) 73 + 18 = ______

d) 7 300 + 1 800 = ______

6 Ergänze die Aufgaben jeweils so, dass du in jeder Spalte das Ergebnis im Kästchen erhältst.

3 000	6 000	18 000
2 570 + ____	____ + 438	____ + 4 600
2 912 + ____	5 250 + ____	17 125 + ____

7 Kannst du die Zahlenrätsel der Kinder lösen?

a) b)

Test: Zahlen bis 1 000 000

► Lösungen: Seite 80

1 Trage die Zahlen in die Stellenwerttafel ein. 2

a) 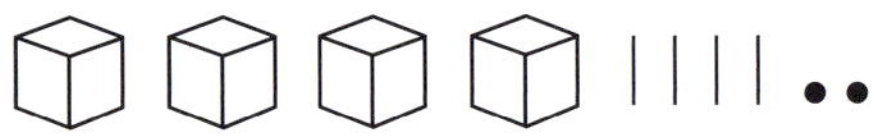

b) 

T	H	Z	E

2 Finde für die Zahl im Haus die Nachbarzahlen. 3

H ____________

T ____________

ZT ____________

H ____________

T ____________

ZT ____________

3 Welche Zahlen fehlen? Ergänze die Reihe. 2

1 400, 1 520, ____________, ____________, ____________, ____________

4 Ordne die Zahlen. Beginne mit der kleinsten Zahl. 3

448 329 | 239 841 | 241 665 | 448 728 | 308 217 | 87 415

____

5 Subtrahiere die Zahl mit 2 Tausendern und 1 Hunderter von der Zahl, die 6 Tausender, 1 Hunderter und 5 Zehner hat. Welches Ergebnis erhältst du? 2

Rechnung: ____________________ Ergebnis: ____________

Gesamtpunkte:

► Tabelle, Seite 84

Mach mit!

► Nimm eine Packung Spaghetti.
Schätze: Wie viele Nudeln sind in der Packung?

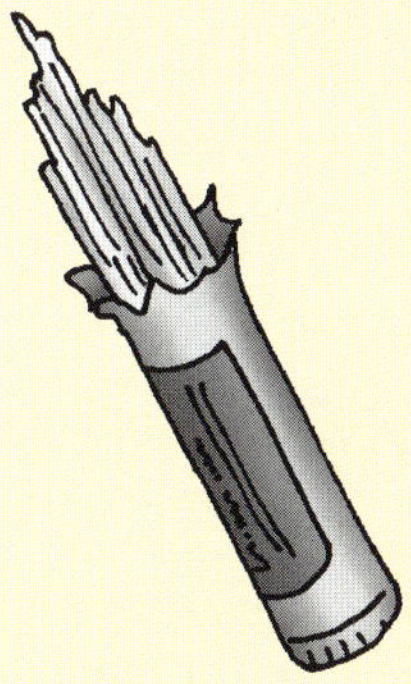

_________ Nudeln

Zähle nun genau nach. Wie viele Nudeln sind es?
Mehr oder weniger, als du geschätzt hast?

► **Große Zahlen würfeln**
Für dieses Spiel brauchst du:
1 Würfel, Papier, 1 Stift, 1 Mitspieler

Zeichnet vor dem Spiel die Tabelle auf.
Würfelt nun abwechselnd.
Jeder entscheidet für sich nach dem Wurf, an welcher Stelle die Ziffer stehen soll.
Wer hat nach 4 Würfen die größte Zahl?

► Welcher Weg führt Konfetti zum Knochen?
Folge den Begriffen, die zu *plus* gehören.

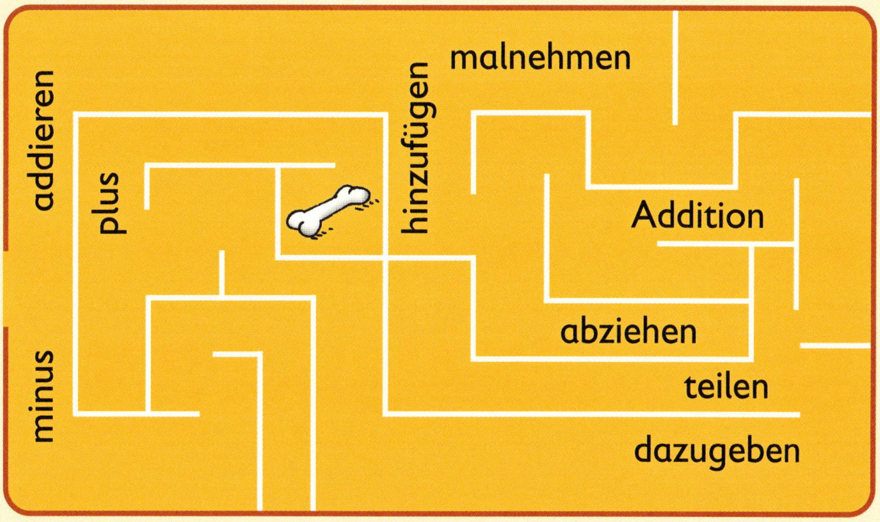

Addition und Subtraktion

1 a) Karlo würfelt mit zwei Würfeln insgesamt dreimal und bildet jeweils die größtmögliche 2-stellige Zahl. Dann addiert er im Kopf. Auf welches Ergebnis kommt er?

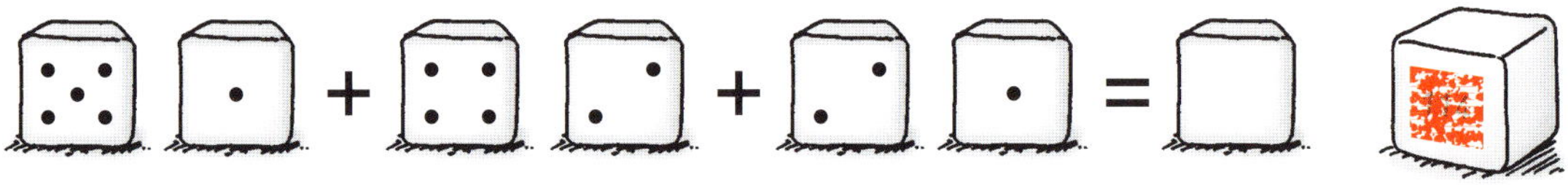

b) Würfle selbst drei Aufgaben und addiere die Zahlen.

2 Ergänze die Zahlentürme.

3 Addiere schriftlich. Achte auf den Übertrag.

	T	H	Z	E
	2	4	3	6
+	3	2	4	3

	ZT	T	H	Z	E
	3	4	6	1	9
+	2	4	3	0	7

	HT	ZT	T	H	Z	E
	4	8	3	6	1	3
+	3	2	6	1	4	8

▸ Regelbuch: 8 9 10

4 Subtrahiere so, wie du es in der Schule gelernt hast.

	T	H	Z	E
	9	9	6	6
−	3	7	4	2

	HT	ZT	T	H	Z	E
	4	5	6	4	8	9
−		5	4	6	5	4

5 Schreibe die Zahlen stellenrichtig untereinander und rechne.

27 319 + 4 712

ZT	T	H	Z	E

428 938 − 32 307

HT	ZT	T	H	Z	E

6 Welche Zahlen fehlen? Ergänze.

a)

	7	4	3	8	▢
+	2	▢	▢	1	3
	9	8	5	▢	9

b)

	4	1	0	▢	3	6
−			8	0	▢	5
	▢	▢	2	5	1	1

7 Bilde die Summe und rechne schriftlich untereinander.

vierzigtausendfünfhundertdrei

achttausendneunhundertzwölf

? Wo willst du weiterüben? → Level 1 / → Level 2

Addition und Subtraktion

1 Rechne im Heft. Schreibe deine Ergebnisse auf die Steine.

2 Prüfe mit der Umkehraufgabe, ob du richtig gerechnet hast.

```
  3 8 1 4
–   9 7 3
---------
```

```
  6 3 7 2
– 1 3 5 9
---------
```

3 Addiere die drei Zahlen schriftlich im Heft.
Male die Obstkiste mit dem höchsten Ergebnis an.

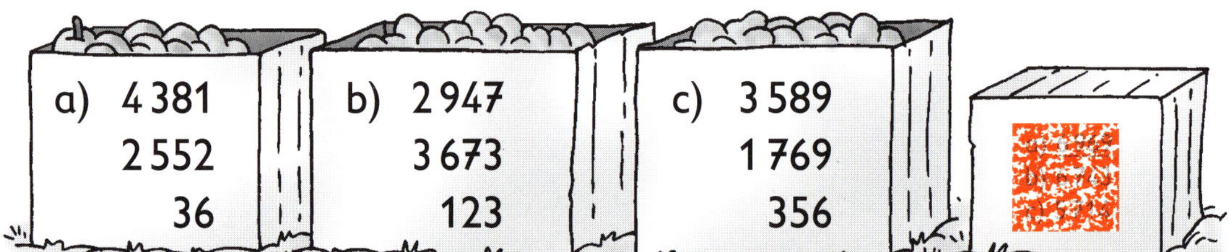

4 Was kostet alles zusammen?
Rechne untereinander.

5 Ergänze die fehlenden Zahlen.

a)

		7	☐	8
+	☐	6	☐	
	1	1	0	3

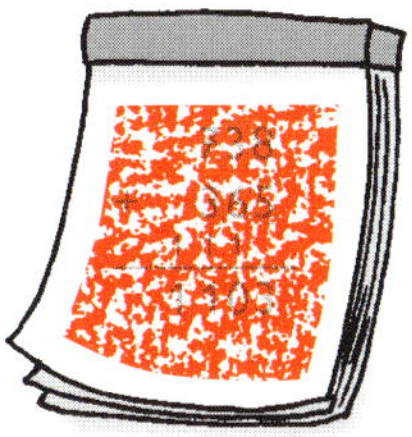

b)

	☐	0	1	7	4
−	6	4	☐	9	2
	1	5	1	☐	☐

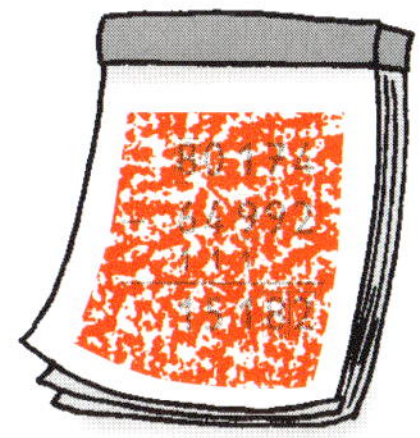

6 Am 31.12.2005 hatte Freiburg 215 966 Einwohner.

a) 33 339 Personen waren zwischen 0–18 Jahre alt.
Wie viele Personen über 18 Jahre wohnten in Freiburg?

A: ______________________________

b) 33 890 Einwohner über 65 Jahre lebten in Freiburg.
Rechne aus, wie viele Personen zwischen 18 und 65 Jahren am 31.12.2005 in Freiburg gemeldet waren.

A: ______________________________

c) Zum 01.01.2006 hatten sich 1 248 Personen angemeldet, aber auch 612 wieder abgemeldet.
Berechne die Einwohnerzahl am Jahresanfang.

A: ______________________________

? Traust du dich jetzt an Level 2 ?

2 Addition und Subtraktion

1 Welches Ergebnis passt zu welcher Aufgabe?
Male Aufgabe und Ergebnis jeweils in der gleichen Farbe an.

a)

2942		2973		6787
4381	+	5637	=	8579
3814		2552		6933

b)

2947		2953		3344
6821	–	3477	=	1111
4064		1662		1285

2 Rechne geschickt in deinem Heft.

a) 2319 + __________ = 9678

b) __________ + 37942 = 100099

c) __________ – 61743 = 86566

Tipp:
Die Umkehraufgabe hilft dir.

3 Addiere schriftlich im Heft. Welcher Ball trifft ins Tor?
Kreise ihn farbig ein.

a) 48975 + 755 + 40731 + 2787

b) 97354 + 99 + 2456 + 4899

c) 15819 + 31506 + 2971 + 345

☐ Nein, mir fällt das Rechnen leicht.

☐ Ja, ich blättere noch einmal zu Level 1.

☐ Ja, ich versuche es später noch einmal.

4 Tobias kauft drei Fußballtickets für je 28,80 €.
Er bezahlt mit einem 100-€-Schein.
Wie viel Geld bekommt er zurück?
Trage das Ergebnis ein: ____ €

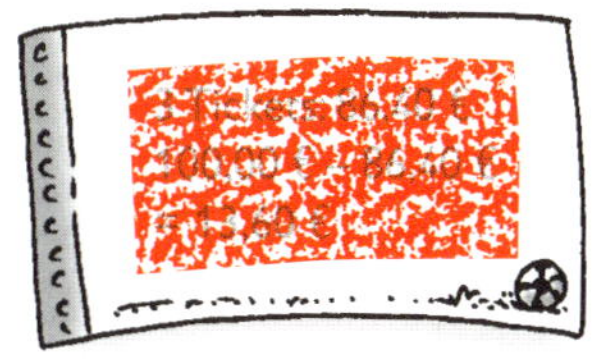

5 Welche Zahlen fehlen? Ergänze.

a)

	4	_	3	6	_	0
+		2	2	0	2	8
	5	1	_	6	3	_

[redacted]

b)

	5	2	0	_	_
−	4	3	_	4	7
	_	1	6	5	

[redacted]

6 a) Ordne die Fußballstadien aufsteigend nach ihrer Größe.

Mainz < ____________________

____

[redacted]

Zuschauerplätze:	
Stuttgart:	55 300
Berlin:	76 065
Mainz:	19 500
München:	66 250
Bremen:	42 950
Dortmund:	82 932

b) Vergleiche das größte mit dem kleinsten Stadion.
Wie viele Zuschauer mehr passen dort hinein?

[redacted]

A: ____________________

c) Kreise die beiden Stadien ein, die zusammen für fast 100 000 Zuschauer Platz haben.

[redacted]

d) Wie viele Zuschauer passen in alle Stadien?

[redacted]

A: ____________ Zuschauer.

T Test: Addition und Subtraktion

▸ Lösungen: Seite 80

1 Rechne schriftlich untereinander. **3**

a)		b)		c)	
	6 8 4 9		4 5 8 0 7		7 3 7 0 9 3
+	2 8 4	+	9 8 1 6	–	4 6 2 2 8

2 Rechne im Heft stellenrichtig untereinander. **2**

a) 65 390 – 3 888 = ______ b) 36 729 + 4 302 = ______

3 Ergänze die fehlenden Zahlen. **2**

a)		b)	
	☐ 4 8 ☐		1 ☐ 8 4 ☐
+	5 7 ☐ 8	–	6 ☐ 9 5
	1 2 ☐ 2 1		4 5 ☐ 8

4 Rechne. Kontrolliere dein Ergebnis mit der Umkehraufgabe. **2**

6 590,74 € – 3 888,90 € = ______________

Umkehraufgabe: ______________________________

5 Ein Fußballstadion fasst insgesamt 40 000 Plätze, davon sind 8 833 Stehplätze. Eine Stunde vor Spielbeginn sind 27 478 Sitzplätze besetzt. Wie viele Sitzplätze bleiben leer, wenn bis zum Anpfiff noch 3 190 Personen Platz nehmen? **3**

Sitzplätze insgesamt: ______ leere Sitzplätze: ______

Gesamtpunkte: ☐

▸ Tabelle, Seite 84

Mach mit!

► Ein Erwachsener hat durchschnittlich 100 000 Haare auf dem Kopf, ein Kind trägt ca. 20 000 Haare auf dem Kopf.

Rechne: Wie viele Haare haben alle in deiner Familie zusammen?

__________ Haare

► **Zahlenspiel**

Für dieses Spiel brauchst du:
Papier, Schere, Stift, 1 Mitspieler

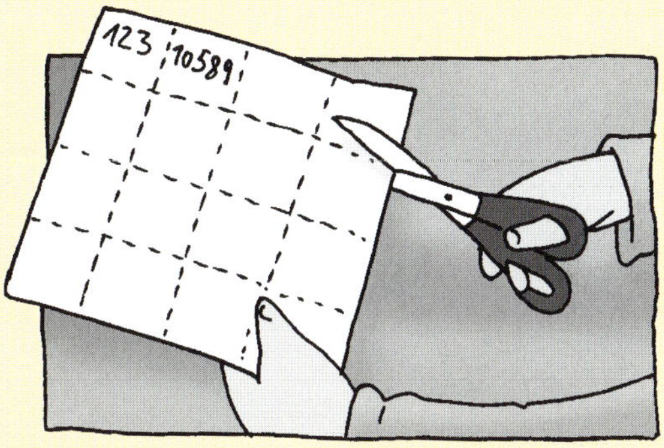

Spielvorbereitung:
Falte ein Blatt Papier so, dass 16 gleich große Felder entstehen.
Schreibe in jedes Feld eine 3- bis 6-stellige Zahl.
Schneide die Felder entlang der Faltlinien aus und lege die Kärtchen verdeckt auf den Tisch.

Zieht abwechselnd ein Kärtchen und notiert jeweils die Zahl.
Addiert danach die Zahlen. Wer hat das größte Ergebnis?

► Nimm ein Telefonbuch und tippe blind auf vier Zahlen.
Mache mit Bleistift jeweils ein Pünktchen hinter die Zeile.

Schreibe nun die Zahlen untereinander und addiere sie.

Subtrahiere auch zwei Zahlen aus dem Telefonbuch.

S Multiplikation

1 Fülle die Einmaleins-Tabelle aus.

•	5	8	4	9	7	3
2						
5						
9						

2 Rechne im Kopf. Achte besonders auf die Nullen.
Tipp: Das kleine Einmaleins hilft dir beim Rechnen.

a) 4 · 10 = ______
4 · 100 = ______
4 · 1 000 = ______

b) 30 · 9 = ______
700 · 4 = ______
2 000 · 6 = ______

3 Rechne schrittweise. Zerlege die Zahl in ihre Stellenwerte und multipliziere sie nacheinander. Addiere die Teilergebnisse.

a)

H	Z	E			
6	3	5	·	7	=
6	0	0	·	7	=
	3	0	·	7	=
		5	·	7	=

b)

H	Z	E			
4	7	3	·	8	=

4 Eine Bienenkönigin kann täglich bis zu 2 000 Eier legen. Rechne aus, wie viele Eier sie nach 15 Tagen gelegt hat.

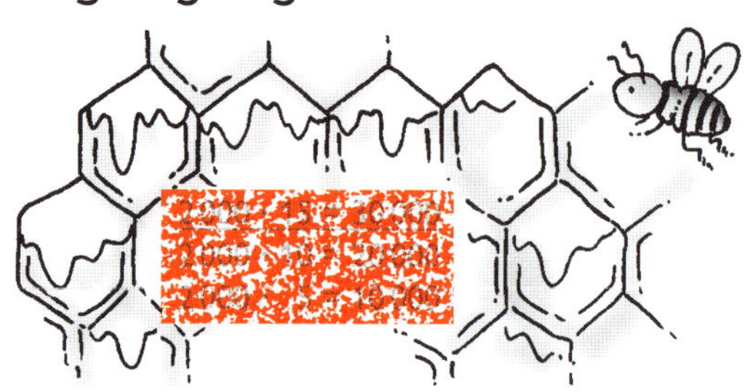

▸ Regelbuch: 13 14

5 a) Runde die Zahlen auf Hunderter (H) oder Tausender (T).
Bilde mit den gerundeten Zahlen jeweils den Überschlag (Ü).

221 (H) · 2	1 205 (T) · 3	4 338 (T) · 4
Ü: _____ · 2 =	Ü: _____ · 3 =	Ü: _____ · 4 =

b) Welches Ergebnis erhältst du beim schriftlichen Multiplizieren?

2 2 1 · 2

1 2 0 5 · 3

4 3 3 8 · 4

6 Bei welcher Aufgabe ist das Ergebnis größer als 40 000?
Überschlage das Ergebnis im Kopf. Rechne dann genau.

Ü: ____________ Ü: ____________ Ü: ____________

3 8 6 6 · 8

4 7 8 3 · 6

6 6 4 8 · 6

7 Addiere die Ergebnisse der drei Malaufgaben in deinem Heft.

a) 1 791 · 2
b) 1 236 · 3
c) 428 · 9

? Wo willst du weiterüben? → Level 1 → Level 2

1 Multiplikation

1 a) Prüfe die Ergebnisse mithilfe einer Überschlagsrechnung.
Kreuze an, welche Ergebnisse nicht stimmen können.

☐ 2 949 · 4 = 11 769 Ü: ______________

☐ 6 924 · 3 = 26 305 Ü: ______________

☐ 3 745 · 5 = 21 713 Ü: ______________

b) Rechne die Aufgaben oben genau nach.
Welche Ergebniszahl ist ungerade? Unterstreiche sie.

2 Immer zwei Puzzleteile haben dasselbe Ergebnis.
Male sie jeweils in der gleichen Farbe an.

F: 9 · 8 000

C: 200 · 6

E: 30 · 40

B: 40 · 600

G: 50 · 20

D: 300 · 80

A: 80 · 900

H: 10 · 100

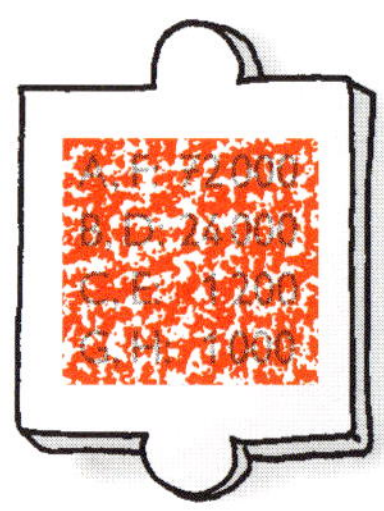

3 Rechne die Aufgaben in deinem Heft. Beachte den Tipp.

a) 346 · 30 = ______________

b) 4 668 · 50 = ______________

c) 2 625 · 80 = ______________

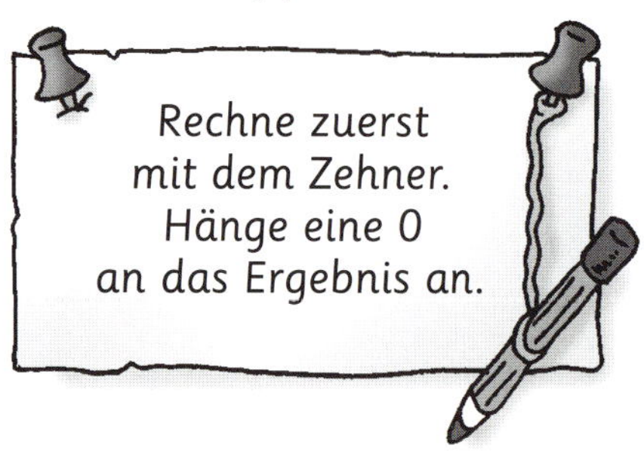

4 Welcher Überschlag passt zur Aufgabe? Unterstreiche.
Multipliziere dann schriftlich. Achte dabei auf die Stellenwerte.

Ü: 400 · 30

Ü: 490 · 32

Ü: 500 · 30

4 8 7 · 3 2

5 Multipliziere die Preise schriftlich.

28,80 € · 3

58,30 € · 25

6 Karlo kauft 6 Flaschen Saft und doppelt so viele Flaschen Sprudel. Wie viel € muss er zahlen?

A: ______________________________

? Traust du dich jetzt an Level 2 ?

2 Multiplikation

1 Bilde mit den Zahlen in den Luftballons die kleinste und größte Zahl. Multipliziere diese jeweils mit 7.

____

____

2 <, > oder = ?
Setze das passende Zeichen ein.

50 · 500	☐	5 000 · 5	400 · 70	☐	9 · 3 000
80 · 300	☐	30 · 80	20 · 300	☐	4 000 · 2

3 Welche Griffe gehören zusammen? Fahre die Seile nach.
Schreibe das Ergebnis jeweils in den Griff.

4 Überschlage das Ergebnis. Multipliziere dann schriftlich.

Ü: ______________________

6 2 7 7 · 1 8

Ü: ______________________

8 0 4 6 · 3 2

5 Berechne das 25-fache der Zahlen.

a) 4 009 · ____________________

b) 10 024 · ____________________

☐ Nein, ich rechne weiter.

☐ Ja, ich gehe auf Level 1 zurück.

☐ Ja, ich mache später weiter.

6 In der Aufgabe haben sich Fehler versteckt. Umkreise sie.
Schaffst du es, die Aufgabe richtig zu rechnen?

1	6	7	3	·	2	8	5
		1	2	4	6	0	0
		1	3	4	8	4	0
				5	3	5	5
		2	5	3	7	9	5

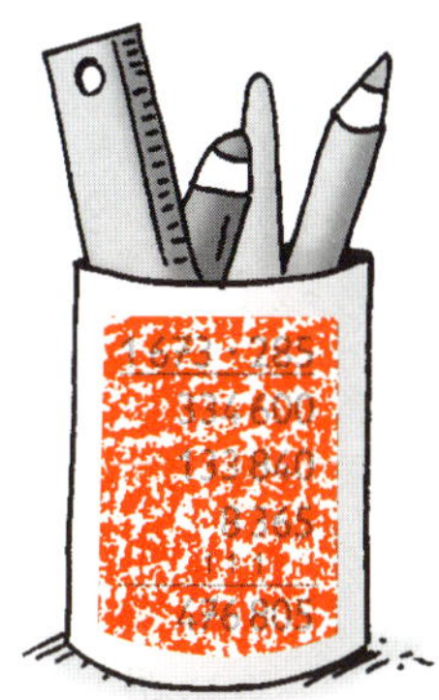

7 Die Klasse 4a feiert ihr Abschlussfest.
Jedes der 24 Kinder bekommt ein Fotoalbum.
Ein Album kostet jeweils 16,75 € und wird von der Lehrerin aus der Klassenkasse gezahlt.
Wie viel Geld bleibt bei 500 € übrig?

A: ____________________

____

T

Test: Multiplikation

► Lösungen: Seite 81

1 Runde die Zahlen auf Hunderter (H) oder Tausender (T). Mache mit den gerundeten Zahlen den Überschlag (Ü).

2

a) 189 (H) ~ ________ ·4 Ü: ________________

b) 7 319 (T) ~ ________ ·4 Ü: ________________

2 Multipliziere im Kopf. Achte auf die Nullen.

2

a) $400 \cdot 90 =$ ________ b) $9 \cdot 800 =$ ________

$4\,000 \cdot 9 =$ ________ $900 \cdot 80 =$ ________

3 Überschlage zunächst. Multipliziere danach schriftlich.

4

a) $4\,763 \cdot 4 =$ ________ Ü: ________________

b) $2\,309 \cdot 30 =$ ________ Ü: ________________

4 Multipliziere im Heft und vergleiche die Ergebnisse. Trage in das Kästchen < oder > ein.

2

a) $6\,583 \cdot 47 =$ ________

b) $1\,273 \cdot 285 =$ ________ A: a) ☐ b)

5 Simons Vater fährt mit dem Auto zur Arbeit und verbraucht im Schnitt 2 l Benzin am Tag. Wie viel € muss er bei einem Benzinpreis von 1,32 € je Liter nach 7 Tagen zahlen?

2

Kosten pro Tag: ☐ € nach 7 Tagen: ☐ €

Gesamtpunkte: ☐

► Tabelle, Seite 84

Mach mit!

- Wie viele Bücher stehen bei euch im Bücherregal?
Multipliziere diese Zahl mit 9. Welches Ergebnis erhältst du?

_______________ Bücher.

- **Die verbotene Zahl**
Zähle laut. Bei 7 und allen Zahlen,
die zur 7er-Reihe gehören (14, 21 ...),
hüpfst du in die Luft und rufst: „HOPP!“
Werde beim Zählen immer schneller.
Bis zu welcher Zahl schaffst du es fehlerfrei?

Auf diese Weise kannst du die Einmaleins-Reihen natürlich auch mit jeder anderen Zahl üben.

- **Würfelspiel** (1 bis 2 Spieler)
Würfle mit 3 Würfeln.

Multipliziere die Augenzahlen so, dass du das größtmögliche Ergebnis erhältst.
Zu zweit: Wer findet die Aufgabe mit dem höchsten Ergebnis zuerst?

- Male ein 3x3-Feld auf ein großes Blatt Papier.
Lege auf das obere linke Feld 1 Reiskorn,
auf das nächste Feld 2. Verdopple pro Feld
jeweils die Menge der Reiskörner.
Wie viele Reiskörner brauchst du insgesamt?

_________ Reiskörner

511 Reiskörner

Kannst du die Aufgabe auch im Kopf rechnen?

S

Division

1 Tim teilt mit seinen Freunden 3 Schachteln Schokoküsse. In jeder Schachtel sind 15 Stück. Wie viele Kinder sind es, wenn jeder insgesamt 5 Schokoküsse bekommt?

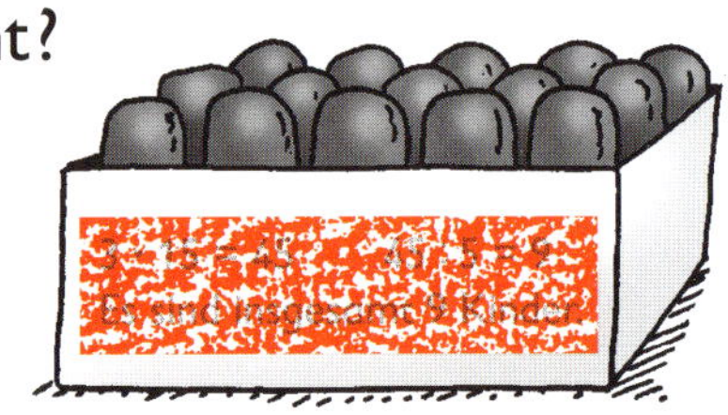

Rechnung: ______________________________

A: ______________________________

2 Kannst du diese Aufgaben lösen?
Tipp: Rechne beim Dividieren zuerst die leichte Aufgabe.

a) 3 200 : 8 = ________

32 : 8 = ________

b) 180 000 : 3 = ________

____

3 Welches Ergebnis gehört zu welcher Aufgabe? Verbinde.

a) 10 000 : 2 | b) 24 000 : 3 | c) 360 000 : 4 | d) 28 000 : 4

90 000 | 7 000 | 8 000 | 5 000

4 Ergänze die fehlenden Zahlen in der Tabelle.
Zerlege den Teiler in seine Stellenwerte.

	: 9	: 90	: 900
3 600			
8 100			
45 000			
630 000			

▸ Regelbuch: 20 16

5 Rechne halbschriftlich: Zerlege dabei geschickt die Zahlen. Addiere zum Schluss die Teilergebnisse. Das Beispiel hilft dir.

H	Z	E			
8	9	6	:	4	=
8	0	0	:	4	=
	8	0	:	4	=
	1	6	:	4	=

H	Z	E			
7	8	6	:	3	=

6 Dividiere schriftlich. Achte dabei auf die Stellenwerte. Überprüfe dein Ergebnis mit der Probe.

a)

T	H	Z	E				T	H	Z	E
2	8	4	2	:	2	=				

Probe:

b) 5 684 : 4 = ______

Probe: ______

c) 1 275 : 3 = ______

Probe: ______

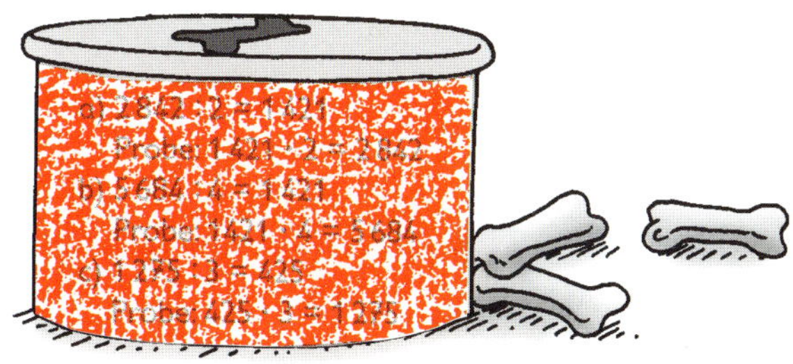

7 Karlo bewahrt in einer Dose 224 Hundekekse auf.
Konfetti bekommt jeden Tag 4 Stück.
Nach wie vielen Wochen ist die Dose leer?

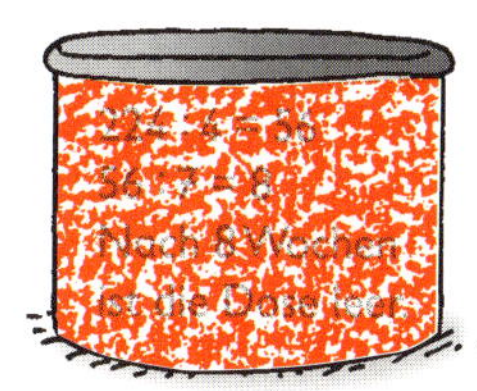

A: ______

? Wo willst du weiterarbeiten? → Level 1 → Level 2

1 Division

1 a) Bestimme alle Teiler von 28:

b) Male die richtigen Felder an.
Was siehst du jetzt?

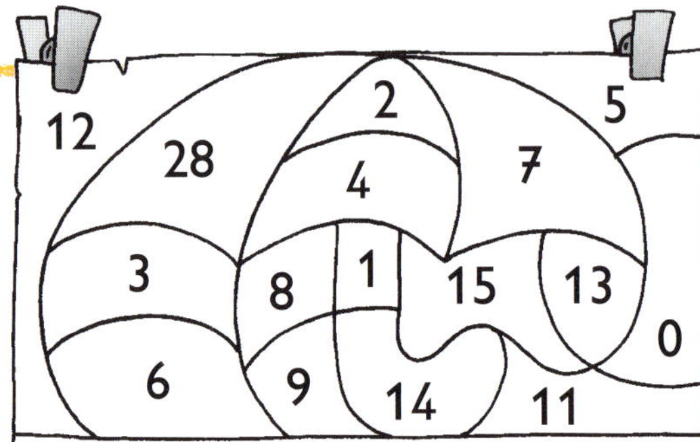

[redacted]

2 Welche Rechnung ist günstig für einen Überschlag?
Unterstreiche. Dividiere dann schriftlich.

a) 3 800 : 4 4 000 : 4 b) 10 000 : 5 12 800 : 5

3 8 8 4 : 4 =

[redacted]

1 2 7 5 5 : 5 =

[redacted]

3 Überprüfe mit der Überschlagsrechnung, wie viele Stellen das Ergebnis jeweils hat, und umkreise den richtigen Tropfen.
Rechne anschließend schriftlich im Heft. Achte auf die Null.

a) 81 570 : 6 = ____________

Ü: ____________

Stellen: 3 4 5

[redacted]

b) 26 502 : 7 = ____________

Ü: ____________

Stellen: 3 4 5

[redacted]

4 Bei diesen Aufgaben ergibt sich ein Rest (R).
Rechne schriftlich im Heft. Male die passenden Blüten an.

a) 4 207 : 5 = ______ R ____

b) 28 306 : 7 = ______ R ____

c) 12 831 : 6 = ______ R ____

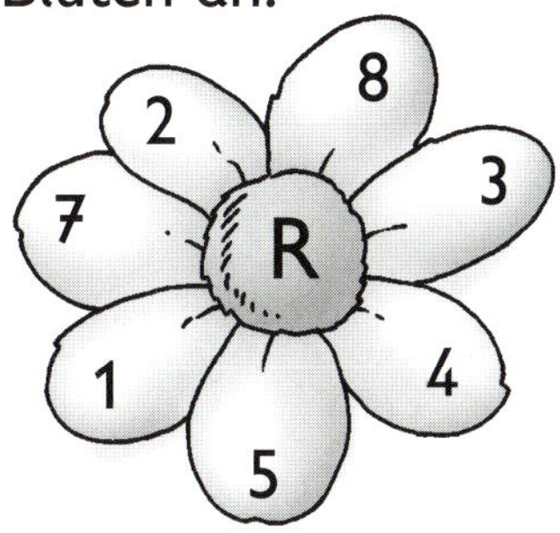

5 Ergänze die fehlenden Zahlen. Denke an die Umkehraufgabe.

a) 7 · ______ = 4 991

b) 5 · ______ = 2 955

6 Welche Zahlen lassen sich durch 20 oder 70 teilen?
Schreibe den passenden Teiler jeweils hinter die Zahl.

2 400: ______ 4 900: ______ 5 600: ______

7 Lies die Zahlenrätsel genau. Es hilft dir, wenn du wichtige Wörter unterstreichst. Löse die Aufgaben dann im Heft.
Kreise die richtigen Ergebnisse auf dem Kleeblatt ein.

a) Bilde die Summe aus den Zahlen 58 745 und 30 079.
Dividiere dein Ergebnis durch 4. Welche Zahl erhältst du?

b) Dividiere 24 006 durch 3. Subtrahiere von diesem Ergebnis die Zahl 4 050. Die gesuchte Zahl ist halb so groß.

? Traust du dich jetzt an Level 2 ?

2 Division

1 a) Durch welche Zahlen lassen sich 42 und 56 teilen?

b) Umkreise die Teiler, die beide Zahlen gemeinsam haben.

2 a) Welcher Überschlag passt zu welcher Aufgabe? Verbinde.
b) Dividiere die Aufgaben im Heft. Notiere hier die Ergebnisse.

7 000	16 352 : 4 = ______
8 000	52 735 : 5 = ______
10 000	21 081 : 3 = ______
4 000	68 472 : 8 = ______

3 Bei diesen Aufgaben bleibt ein Rest (R) übrig.
Rechne und ordne den passenden Pinsel zu.
Male die Eimer dann in der richtigen Farbe an.

a) 18 253 : 6 ______

b) 73 807 : 4 ______

c) 48 632 : 5 ______

- ☐ Nein, ich mache weiter.
- ☐ Ja, ich blättere noch einmal zu Regel 18.
- ☐ Ja, ich versuche es später noch einmal.

4 Bestimme alle Vielfache zwischen 20 und 80.

von 12: 12, 24, ____________

von 15: ____________

[redacted]

5 a) Dividiere schriftlich. Überlege, wie oft der 2-stellige Teiler in die Zahl passt. Die Vielfachen in Aufgabe 4 helfen dir.
b) Überprüfe deine Ergebnisse mit einer Probe im Heft.

72 300 : 12 = [redacted]

64 530 : 15 = [redacted]

6 Rechne und setze das passende Zeichen ein: < oder > ?

a) 34 706 : 7 = ______ ☐ 35 091 : 9 = ______

b) 5 970 : 30 = ______ ☐ 5 220 : 45 = ______

[redacted]

7 Kannst du Karlos Zahlenrätsel lösen?

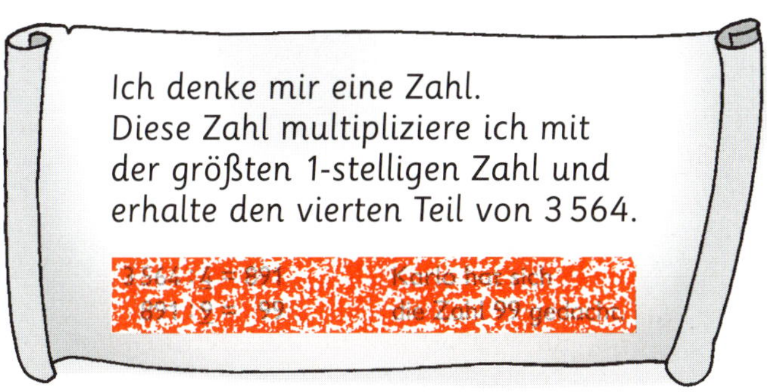

[redacted]

T

Test: Division

► Lösungen: Seite 81

1 Wie musst du rechnen? Trage die Ergebnisse ein. [| 4]

a) 24 000 : 8 = ______ b) 180 000 : 6 = ______

c) 196 000 : 100 = ______ d) 14 000 : 70 = ______

2 Dividiere die Zahl 26 730 durch folgende Zahlen: [| 2]

:3 ______ :9 ______

3 Mache zuerst einen Überschlag. Rechne dann genau. [| 1]

Ü: ______ 27 864 : 7 = ______ R ______

4 Welche Zahlen fehlen? Rechne geschickt in deinem Heft. [| 2]

a) ______ · 15 = 45 420 b) ______ : 3 = 734 R 2

5 In einer Gärtnerei werden insgesamt 4 380 Tulpen in 30 Reihen angepflanzt. Wie viele Tulpen stehen in jeder Reihe? Rechne. [| 1]

______ Tulpen

6 Wenn ich meine Zahl mit 11 multipliziere, erhalte ich die Hälfte von 5 984. Welche Zahl ist gemeint? [| 2]

die Hälfte von 5 984: ______ gesuchte Zahl: ______

Gesamtpunkte: [ ]

► Tabelle, Seite 84

Mach mit!

► Schau dir das Bild genau an.
Dividiere die Anzahl der Dominosteine
durch dein Alter. Geht die Rechnung auf?
Falls nicht: Welcher Rest bleibt übrig?

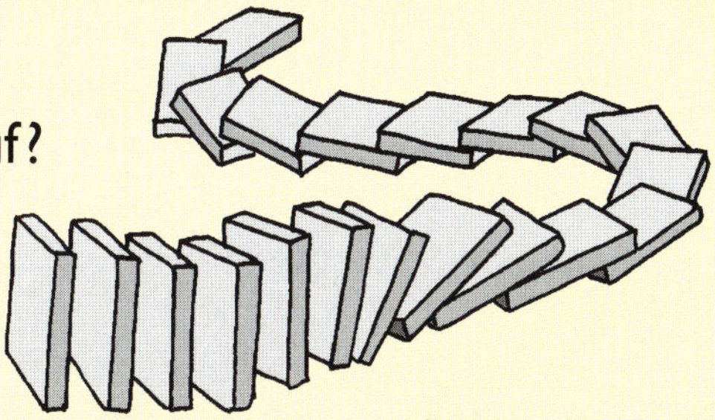

A: ____________________

► Welche Zahlen haben sich in den Bildern versteckt?

Kreise die Zahl ein, die nicht durch 2 oder 3 teilbar ist. 4, 3, 8, (7)

► Heute schon gelacht?
Die Lehrerin sagt: „Tom, ich gebe deinem Bruder 10 Äpfel.
Er soll dir die Hälfte davon geben. Wie viele Äpfel hat jeder?"
„Mein Bruder hat 3 und ich 7 Äpfel", ruft Tom.
„Kannst du denn nicht dividieren?", mahnt die Lehrerin.
„Ich schon", grinst Tom, „aber mein kleiner Bruder noch nicht."

► Wie lang ist dein Hin- und Rückweg zur Schule?

Ich schätze: __________ km

Wie oft musst du diesen Weg zurücklegen,
bis du es von der Entfernung her einmal um
die Erde geschafft hast? Überschlage im Kopf.

A: ______________________________

S

Gewichte

1 Verbinde die Dinge nacheinander mit dem richtigen Gewicht. Die Buchstaben ergeben das Lösungswort.

1,2 t R | 3 kg M | 180 g I | 5 t A | 1 kg P

Lösungswort: ___ ___ ___ ___ ___

2 Jeweils drei Gewichtsangaben gehören zusammen.
Male sie in der gleichen Farbe an. Welches Feld bleibt übrig?

1 500 g | 4 kg 251 g | 16 kg 42 g | 2,608 kg | 1,500 kg

16 042 g | 4,251 kg | 2 608 g | 4 251 g | 1 kg 500 g

2 kg 86 g | 16,042 kg | 2 kg 608 g

3 Ergänze jeweils zu 1 t.

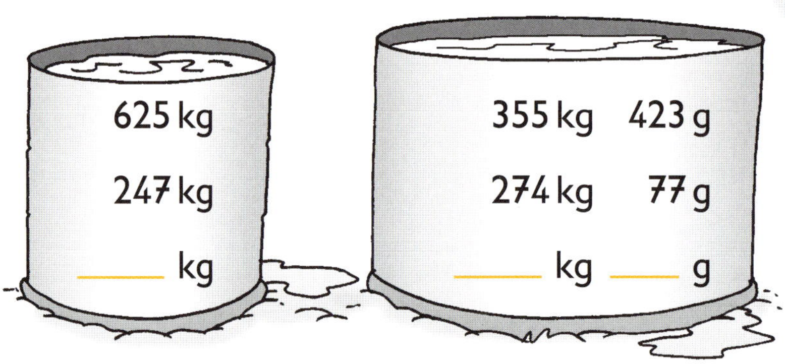

4 Wandle in kg um.
Ordne die Gewichte von leicht nach schwer.

a) 2 t 400 kg = ______

b) 1 t 450 kg = ______ ______

c) 3 t 201 kg = ______ ______

d) 2 t 75 kg = ______ [redacted]

5 Vergleiche die Gewichte. Trage ein: <, > oder =.

a) 2 kg ☐ 1 820 g
c) 17,05 kg ☐ 1 750 kg
e) 15,151 kg ☐ 51 515 g

[redacted]

b) 4,5 t ☐ 6 450 kg
d) 1,75 t ☐ 1 750 kg
f) 48,07 t ☐ 8 479 kg

[redacted]

6 Ein Lastwagen hat ein zulässiges Gesamtgewicht von 8,290 t.
Leer wiegt er 3 790 kg.
Wie viel kg darf der Lastwagen laden?

[redacted]

A: ______

7 Konfetti wiegt 15,75 kg,
Karlo ist 5-mal so schwer.
Wie viel kg wiegt Karlo?

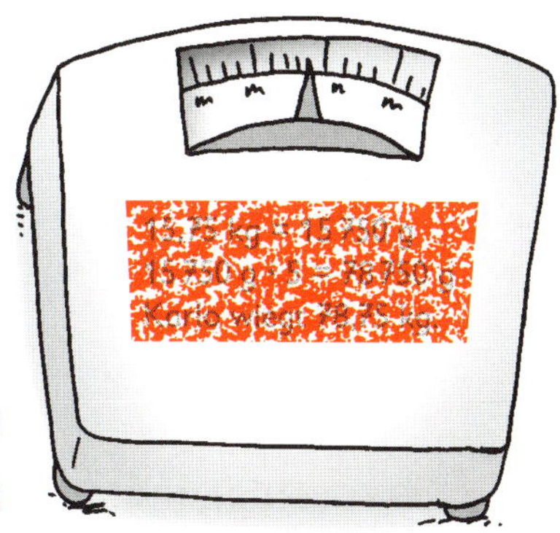

[redacted]

A: ______

? Wo willst du weiterarbeiten? → Level 1 / → Level 2

Gewichte

1 In welcher Einheit gibst du das Gewicht an: g, kg oder t?

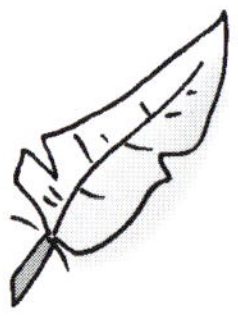   

2 Ergänze die Zahlen in der Tabelle. Das Beispiel hilft dir.

3 600 g				750 kg
3 kg 600 g	8 kg 75 g		4 t 10 kg	
3,600 kg		70,707 kg		

3 Ordne der Größe nach.

3 250 g	0,651 kg	$\frac{1}{2}$ kg
2,650 kg	3 kg 100 g	

$\frac{1}{2}$ kg < ____________________

____

4 Rechne und gib das Ergebnis in kg an.
Welches Obst wiegt am meisten?

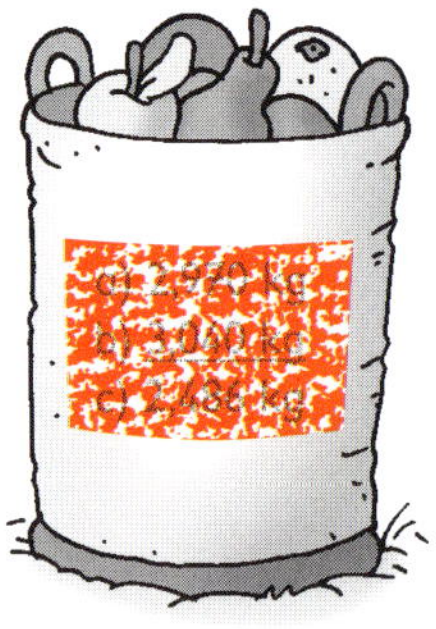

a) Äpfel: 320 g + 1,25 kg + 1 400 g = ________

b) Birnen: 1,800 kg + 260 g + 980 g = ________

c) Orangen: 0,6 kg + 1,08 kg + 806 g = ________

5 30 Äpfel wiegen 5 670 g. Wie schwer sind 6 Äpfel?
Trage die Zahlen im Pfeilbild ein und rechne.

Anzahl Äpfel	Gewicht
30	
6	

: ____ (links) : ____ (rechts)

6 Karlo kauft 3 Kartons
Hundefutter auf Vorrat.
In jedem Karton sind 8 Dosen.
Wie viel kg wiegen alle Dosen,
wenn eine Dose 250 g schwer ist?

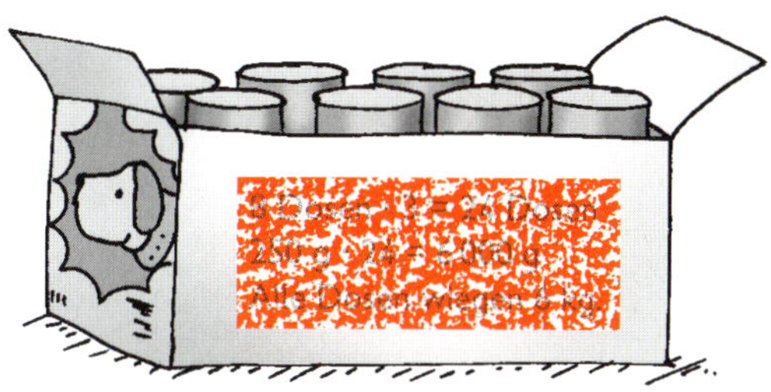

A: ______________________________

7 Die Zirkustiere sollen mit dem Zug transportiert werden.
Jeder Wagen darf mit höchstens 2 t beladen werden.
Wie viele Tiere einer Art passen jeweils in einen Wagen?
Rechne im Heft und trage hier die passende Anzahl ein.

? Traust du dich jetzt an Level 2 ?

2

Gewichte

1 Rechne die Gewichte in die nächstkleinere Einheit um.

$\frac{1}{2}$ kg = ______

$\frac{1}{4}$ kg = ______

$\frac{3}{4}$ kg = ______

[redacted]

0,425 t = ______

62,62 kg = ______

$7\frac{1}{2}$ kg = ______

[redacted]

2 Wie viele t wiegen die Tiere einer Tierart jeweils zusammen?

2 

______

9 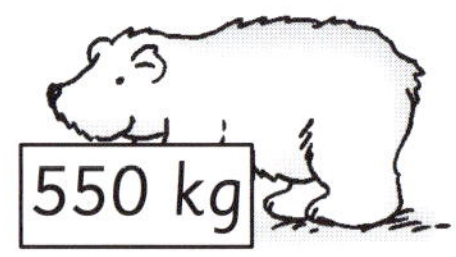

______

8 

______

[redacted]

3 Im Zoo bekommen 3 Giraffen pro Tag 28 kg 500 g Heu.
Wie viel kg Heu verfüttert der Tierwärter an 5 Giraffen?
Tipp: Überlege zuerst, wie viel kg Heu 1 Giraffe bekommt.

[redacted]

A: ______

☐ Nein, ich rechne weiter.

☐ Ja, ich hole mir auf Seite 41 Hilfe.

☐ Ja, ich mache später weiter.

4 Das Popcorn für die Affen wird in Kartons zu 4 kg abgepackt.
Wie viele Futtertüten passen jeweils in einen Karton?
Rechne mithilfe der Tabelle und trage die Ergebnisse ein.

400 g	800 g	500 g	250 g	125 g
10				

5 Die Angelschnüre sind durcheinandergeraten.
Welcher Fisch hängt an welcher Angel? Folge der Schnur.
Schreibe das Ergebnis in kg auf den passenden Fisch.

9,28 kg · 13

46 kg 50 g : 30

$7\frac{1}{2}$ kg · 8

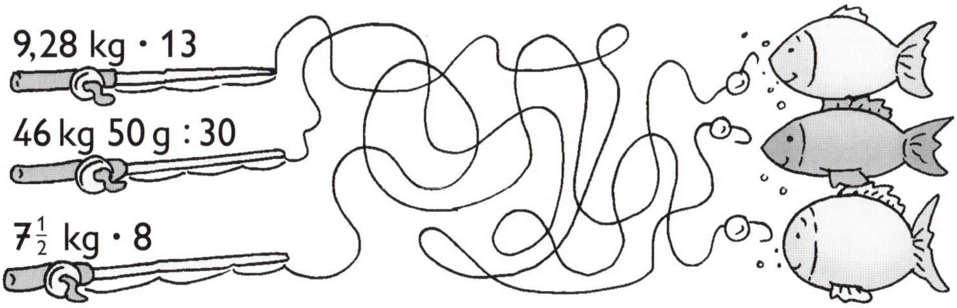

6 Im Netz finden sich 242 Heringe, 48 Barsche und 305 Aale.
Jeweils 250 g Fisch werden zu einer Portion verarbeitet.
Wie viele Fischportionen erhält man insgesamt?

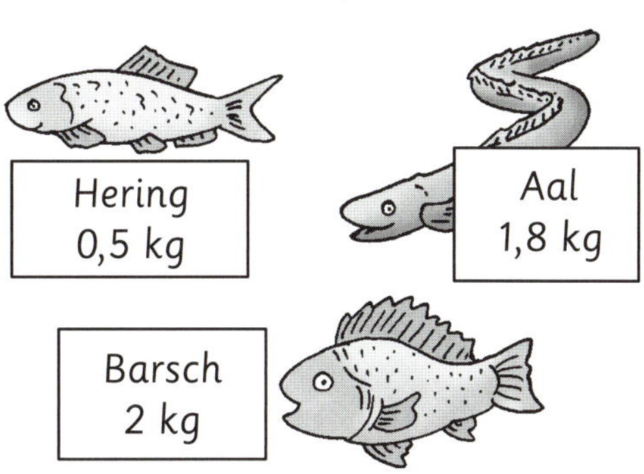

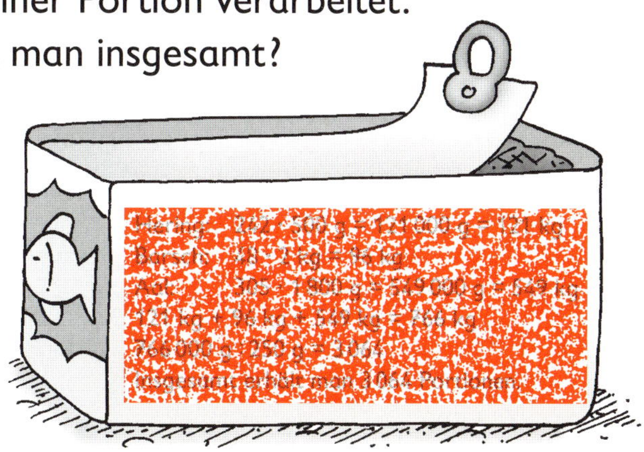

A: ____________________

T

Test: Gewichte

► Lösungen: Seite 82

1 Schreibe die Gewichte als Kommazahl. | 4

a) 4 950 g = ____________ b) 5 030 kg = ____________

c) $\frac{1}{2}$ t = ____________ d) 17 083 g = ____________

2 Addiere im Heft. Schreibe das Ergebnis als gemischte Zahl. | 2

a) 888 g + 4 kg 3 g + 91 g = ____________

b) 5,3 t + 1 821 kg + 406 kg = ____________

3 12 Päckchen zu je 275 g werden in eine Kiste gepackt. Wie schwer ist die Kiste? Gib das Ergebnis in kg an. | 1

Gewicht: ________ kg

4 4 Kisten Apfelsaft wiegen 27 kg. Berechne das Gewicht von 9 Kisten Apfelsaft. Ein Pfeilbild im Heft kann dir helfen. | 2

1 Kiste wiegt: ______ kg 9 Kisten wiegen: ______ kg

5 Ein Kieslaster hat ein zulässiges Gesamtgewicht von 38,5 t. Leer wiegt er 8 770 kg. Wie viele der unterschiedlich schweren Kiessäcke darf er jeweils höchstens laden? | 3

Kiessack	10 kg	30 kg	15 kg
Anzahl			

Gesamtpunkte:

► Tabelle, Seite 84

Mach mit!

► Mit einer Bügelwaage kannst du ganz leicht Gewichte miteinander vergleichen.

Du brauchst: 1 Kleiderbügel, 2 Becher, Draht

So geht's:
Befestige mit Draht zwei leere und gleich große Joghurtbecher am äußeren Rand des Kleiderbügels. Fülle die Becher mit Dingen, die du wiegen möchtest. Halte den Kleiderbügel oben fest. Je weiter sich einer der Becher nach unten neigt, desto schwerer ist er.

► Was ist schwerer? Schätze und kreuze das passende Bild an. Kontrolliere dein Ergebnis anschließend mit der Bügelwaage.

a) ☐ 10 
☐ 5 

b) ☐ 2 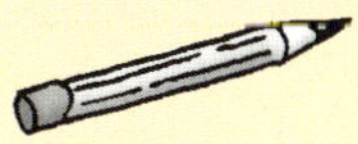
☐ 10 

c) ☐ 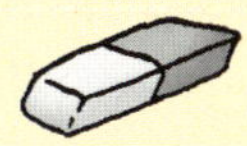
☐ 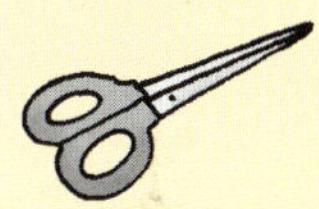

► Hast du Lust, Amerikaner zu backen? Wiege die Zutaten mit einer Waage.

100 g	Butter
100 g	Zucker
1	Packung Vanillezucker
2	Eier
1	Prise Salz
1	Packung Puddingpulver
5	Esslöffel Milch
250 g	Mehl
3	Teelöffel Backpulver
250 g	Puderzucker für den Guss

Butter und Zucker schaumig rühren. Vanillezucker, Eier und Salz unterrühren. Puddingpulver, Milch, Mehl und Backpulver dazugeben und gut verrühren. Mit zwei Teelöffeln kleine Häufchen auf ein Backblech setzen.
Der Teig reicht für 12 kleine Amerikaner.
10–15 Minuten bei 200 Grad backen.
Die Amerikaner mit Zitronenguss bestreichen.

S

Längen

1 Wie lang sind diese Dinge? Schätze erst.
Miss dann genau. Gib die Länge in mm an.

	Geschätzt	gemessen
a)		
b)		
c)		
d)		

[redacted]

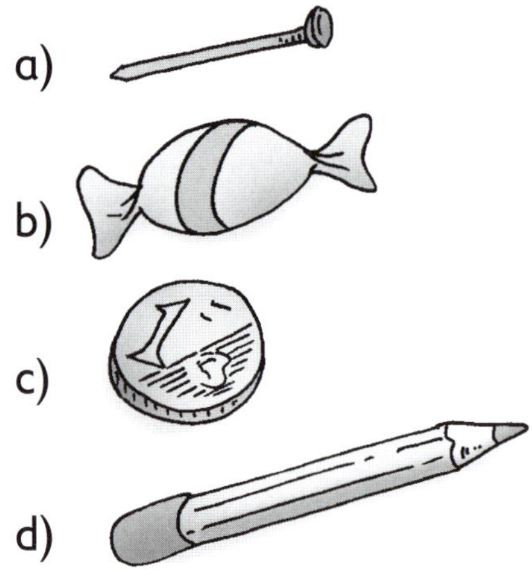

2 Schreibe die Körpergrößen der Kinder auf drei Arten auf.
Achte auf die Null nach dem Komma.

cm	m cm	m

[redacted]

3 Ordne die Längen nach der Größe.
Beginne mit der kleinsten.
Gib die Längen als Kommazahl an.

2 500 m
732 cm
8 032 cm
10 406 m
9 cm

0,09 m <

[redacted]

4 Ein Frosch hüpft 75 cm,
ein Känguru springt 2,5 m.
Berechne den Unterschied.
Gib das Ergebnis in m an.

5 Schau dir das Schaubild genau an (Höhenangaben in m).

A: ____________

B: ____________

C: ____________

D: ____________

[redacted]

a) Gib die Höhe der Türme in m und auch km an.

b) Zwei der Gebäude sind zusammen ungefähr so hoch wie der Eiffelturm. Welche? Überschlage im Kopf.

A: ______________________________

[redacted]

c) Um wie viele m ist der Eiffelturm kleiner als die restlichen Gebäude zusammen?

A: ______________________________

[redacted]

? Wo willst du weiterarbeiten? → Level 1 → Level 2

Längen

1 a) Wandle die Längen der Tiere in eine sinnvolle Einheit um.

0,3 cm = ________ [redacted]

240 cm = ________ [redacted]

700 mm = ________ [redacted]

0,024 km = ________ [redacted]

b) Wievielmal ist die Kuh größer als die Ameise?
Rechne im Heft. Achte auf die richtige Einheit.

A: ________________ [redacted]

c) Wie viele Kühe müssten hintereinanderstehen, damit sie zusammen so lang sind wie ein Wal?

A: ________________ [redacted]

2 Karlo geht oft mit Konfetti spazieren.
Wie viele km legen die beiden jeweils zurück?

a) 1,5 km + 600 m + 2 km = ________

b) 600 m + 1,6 km + 38 m = ________

c) 250 m + 1,5 km + 0,450 km = ________

d) $2\frac{1}{2}$ km + 750 m + 0,300 km = ________

[redacted]

3 Die Tiere sind im Maßstab 1:10 (eins zu zehn) abgebildet.

Miss die Länge der Tiere.
Wie lang sind sie in Wirklichkeit?

Tier	Bild	Wirklichkeit
Igel		
Ente		
Maus		

[redacted]

4 Ein Storch fliegt im Winter 10 400 km nach Südafrika.
Im Schnitt legt er pro Tag eine Strecke von 208 km zurück.
Wie viele Tage ist der Storch insgesamt unterwegs?

A: ______________________

____

[redacted]

5 Eine Schnecke kriecht einen Turm mit einer Höhe von 8 m hoch.
Jeden Tag schafft sie 3 m.
In der Nacht rutscht sie je 1 m zurück.
Nach wie vielen Tagen ist sie oben?
Eine Zeichnung hilft dir beim Rechnen.

[redacted]

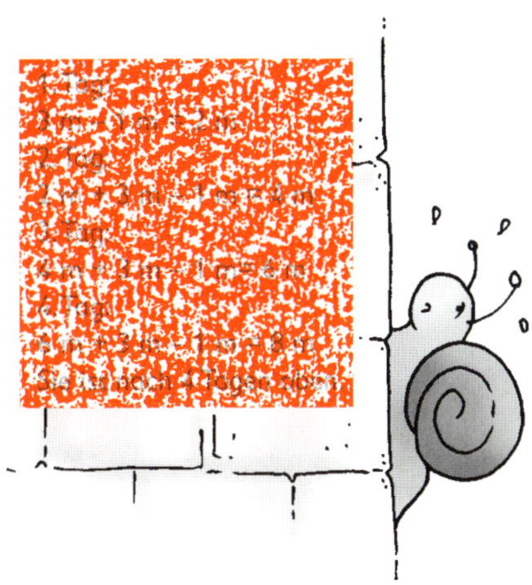

? Traust du dich jetzt an Level 2 ?

Längen

1 a) Berechne den Hin- und Rückweg der Kinder zur Schule.
Wie viele km sind das in einer Schulwoche (5 Tage)?

	Hinweg:	Hin- und Rückweg:	in einer Schulwoche:
Uwe	750 m	______	______
Eva	400 m	______	______
Pia	4,500 km	______	______

b) Vergleiche den Schulweg von Pia und Uwe. Wievielmal ist Pias Schulweg länger?

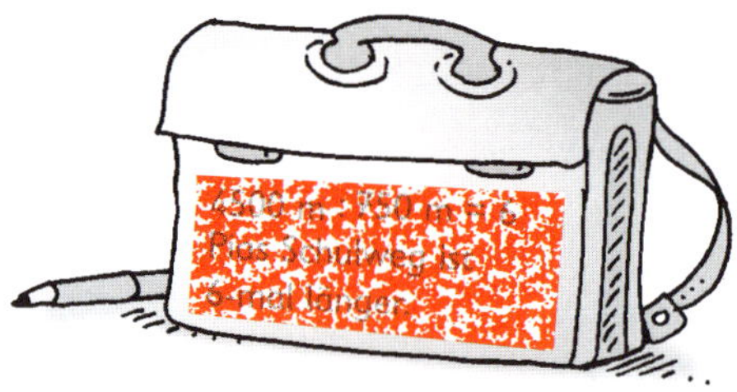

A: ______________________

2 Welcher Waldrundweg ist länger? Kreuze an.

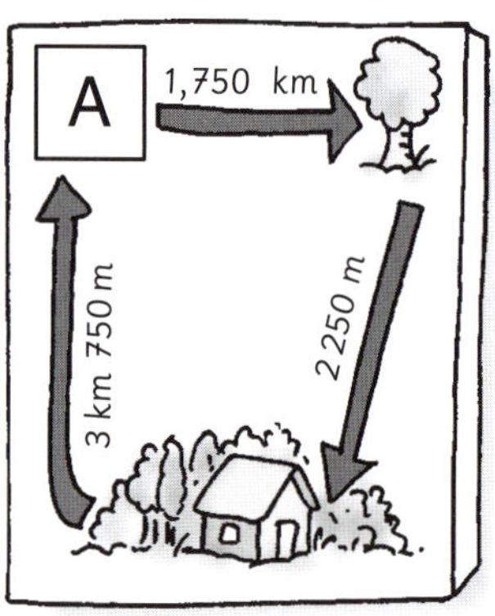

☐ Weg A: ______ km

☐ Weg B: ______ km

☐ Nein, ich mache weiter.

☐ Ja, ich schaue noch einmal Regel 12 an.

☐ Ja, ich versuche es später noch einmal.

3 Herr Ludwig fährt täglich mit dem Auto zur Arbeit.
Nach 15 Arbeitstagen zeigt sein Kilometerstand 510 km an.
Wie lang ist der Weg zur Arbeit? Gib das Ergebnis in m an.

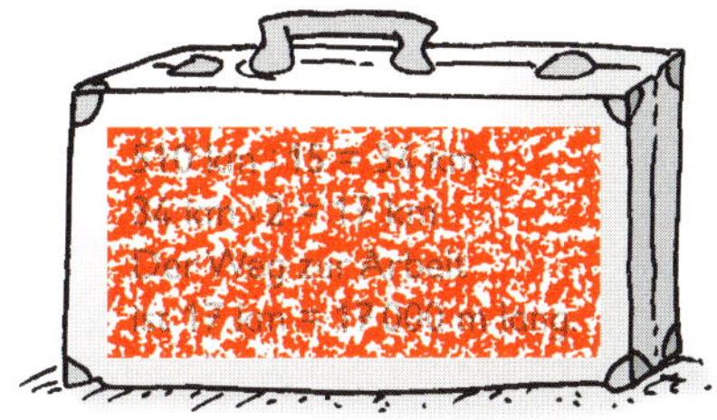
[redacted]

A: ______________________________

4 Die Deutschlandkarte ist im verkleinerten Maßstab abgebildet.
1 cm auf der Karte sind in Wirklichkeit ungefähr 100 km.

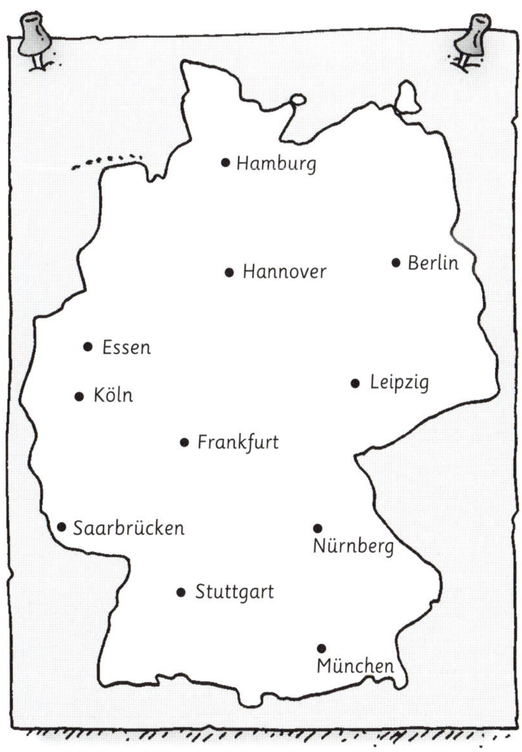

a) Miss genau auf der Karte.
Berechne die Entfernung
zwischen Berlin und Hamburg.

______ [redacted]

b) Um wie viele km ist die Strecke
Hamburg – Köln länger als
die Route Stuttgart – Frankfurt?

______ km [redacted]

c) Karlo startet von Nürnberg
aus zu einer Rundreise.
Insgesamt ist er 900 km unterwegs.
Welche drei Städte besichtigt Karlo?

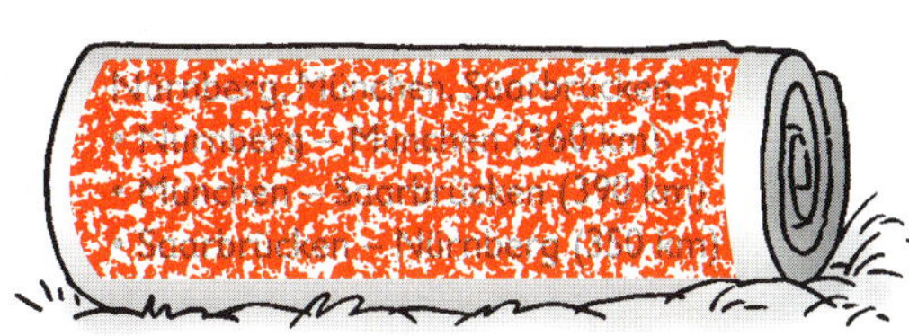
[redacted]

____

T

Test: Längen

► Lösungen: Seite 82

1 Schreibe die Längen als Kommazahl. | 4

a) 8 km 56 m = ____________ b) 24 m 41 cm = ____________

c) 23 m 8 cm = ____________ c) 6 m 51 cm = ____________

2 a) Addiere alle Längen in Aufgabe 1. Achte auf dieselbe Einheit. ______ m | 2

b) Subtrahiere die beiden größten Längen in Aufgabe 1 voneinander. ______ m

3 Ein Busfahrer fährt 3-mal täglich eine Strecke von 6,75 km. Wie viele km fährt er in einer Woche (5 Arbeitstage)? | 2

Gesamtstrecke an einem Tag: ______ km

Gesamtstrecke in einer Woche: ______ km

4 Die Größe eines Zimmers ist im Maßstab 1:5 angegeben. Wie lang und wie breit ist das Zimmer in Wirklichkeit? | 2

Länge: 2,5 m in Wirklichkeit: ____________ m

Breite: 1,4 m in Wirklichkeit: ____________ m

5 Frau Menn vergleicht den Kilometerstand ihres Autos. Vor 6 Tagen waren es 141 733 km, jetzt sind es 143 149 km. Wie viele km ist sie im Schnitt täglich mit dem Auto gefahren? | 2

gefahrene Gesamtstrecke: ______ km täglich: ______ km

Gesamtpunkte:

► Tabelle, Seite 84

Mach mit!

► Schau dich in eurer Wohnung genau um.
Notiere Dinge, die ungefähr folgende Länge haben:

a) 10 cm: ______________________

b) 1 m: ______________________

► Schätze die Länge und Breite deines Zimmers.

Länge: ______ m   Breite: ______ m

Miss die Größe des Zimmers
mit deinen Körpermaßen nach.
Miss zuerst deinen Fuß und Arm.

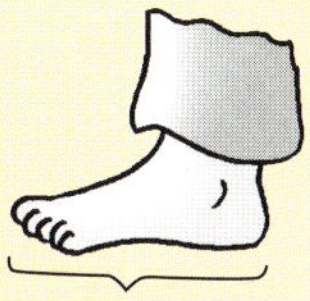

______ cm

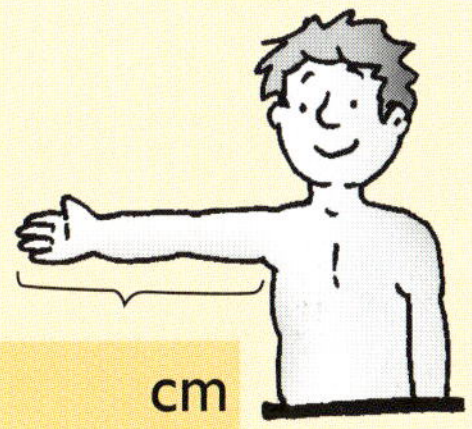

______ cm

► Wie groß bist du? Gib deine Größe in cm an: ______

Wievielmal musst du dich übereinanderdenken, um die
Höhe des Eiffelturms und des Mont Blancs zu erreichen?
Runde geschickt und mache eine Überschlagsrechnung.

Der Eiffelturm ist
ungefähr ______ -mal,
der Mont Blanc
ungefähr ______ -mal
so groß wie ich.

► Nimm einen Atlas oder eine Straßenkarte zur Hand.
Berechne die Entfernung zwischen verschiedenen Städten.
Beachte dabei den Maßstab der Karte.

S Zeit

1 Wie spät ist es? Lies die Uhrzeiten ab.
Gib die Uhrzeit jeweils in zwei Schreibweisen an.

____

____

[redacted]

____

____

[redacted]

2 a) Rechne um. Male die Ergebnisfelder an. Was siehst du? [redacted]

2 min = ________ s

15 min = ________ s

240 s = ________ min

480 min = ________ h

6 h = ________ min

2 Tage = ________ h

[redacted]

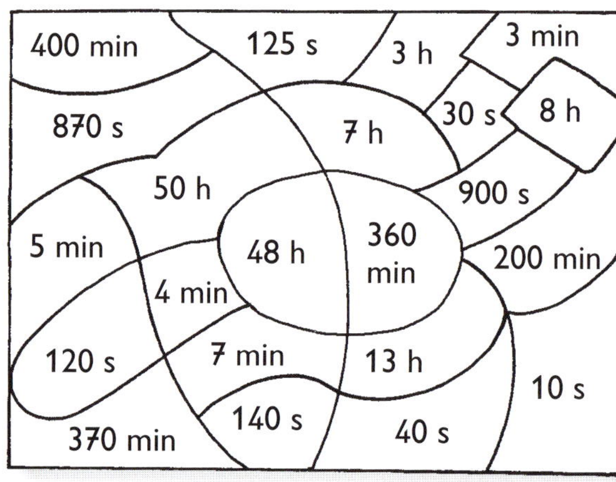

b) Umkreise in Aufgabe a) alle Einheiten der Zeit.
Welche Zeiteinheiten kennst du noch?

[redacted]

____

3 Bei einem Autorennen braucht das schnellste Rennauto für die erste Runde 1 min 13 s. Das langsamste Rennauto benötigt 2 min 25 s. Wie viele s Unterschied sind das?

A: ______________________________________

[redacted]

▸ Regelbuch: 4 23

4 Trage die Ankunftszeiten der Züge ein.

Abfahrt:	Fahrdauer:	Ankunft:
8.30 Uhr	+ 1 h 45 min →	
19.20 Uhr	+ 1 h 20 min →	

5 Wie lange sind die Züge unterwegs? Ergänze.

Abfahrt	Fahrtdauer	Ankunft
7.30 Uhr		8.25 Uhr
21.45 Uhr		23.10 Uhr

6 Moni hat von Montag bis Freitag jeweils 5 Schulstunden (Dauer je 45 min). Jeden Tag gibt es 2 Pausen von je 15 min. Lies, was Moni sagt. Stimmt ihre Behauptung?

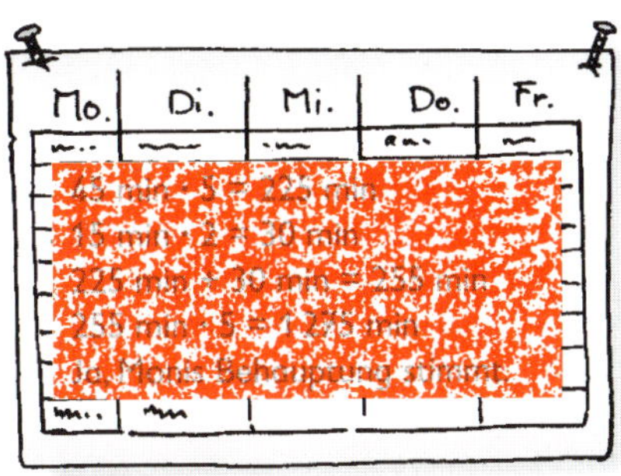

A: ______________________

? Wo willst du weiterüben? → Level 1 → Level 2

Zeit

1 Im Sportunterricht laufen die Kinder um die Wette.
Schreibe ihre Laufzeiten in min und s auf.

a) Adrian: 143 s ______

b) Klaus: 124 s ______

c) Kathi: 83 s ______

d) Anna: 89 s ______

e) Olli: 234 s ______

[redacted]

2 Ordne die Laufzeiten aus Aufgabe 1 nach der Größe.
Die Anfangsbuchstaben der Namen ergeben ein Getränk.

______ < ______ < ______ < ______ < ______

Lösungswort: ☐ ☐ ☐ ☐ ☐

[redacted]

3 Um wie viele min und s
ist Olli langsamer als Anna?

A: ______

______

[redacted]

4 Karlo joggt in seiner Freizeit gern im Wald.
Wie lange war er jeweils laufen? Rechne in min um.

Montag: 2 h 15 min = ______

Mittwoch: $1\frac{1}{2}$ h = ______

Freitag: 1 h 55 min = ______

[redacted]

5 Wie lange dauern die Flüge von Nürnberg nach Mallorca?

Abflug	Flugdauer	Ankunft	
8:50	______	11:00	[redacted]
14:15	______	16:35	
23:04	______	1:19	

6 Marco fliegt mit seinem Vater zu Onkel Werner nach Berlin.
Das Flugzeug startet um 6.21 Uhr. Der Flug dauert 1 h 47 min.
Um wie viel Uhr sind die beiden in Berlin? Ein Pfeilbild hilft dir.

A: ______________________________

______________________________ [redacted]

7 Alle Flüge starten von Frankfurt aus um 14.28 Uhr.
Ergänze jeweils die Ankunftszeit oder Flugdauer.
Beachte: Die Zeitverschiebung musst du nicht berücksichtigen.

New York

______ [redacted]

+ 8 h 12 min

Moskau

21:49

______ [redacted]

Rio de Janeiro

01:41

______ [redacted]

+ 10 h 35 min

Kapstadt

______ [redacted]

? Traust du dich jetzt an Level 2 ?

Zeit

1 Wandle um. Rechne schwierige Aufgaben in deinem Heft.

a) 334 min = ____ h ____ min

b) $3\frac{3}{4}$ h = ____ min

c) $1\frac{1}{2}$ Jahre = ____ Monate

d) 235 h = ____ Tage ____ h

[redacted]

2 Ergänze die fehlenden Zeiten im Busfahrplan.

Abfahrt:	Fahrdauer:	Ankunft:
12.56 Uhr	3 h 50 min	____
11.08 Uhr	____	13.59 Uhr
____ Uhr	1 h 40 min	11.27 Uhr

[redacted]

3 a) Welches ist das älteste und welches das jüngste Kind?

Ältestes Kind: ____

[redacted]

Jüngstes Kind: ____

[redacted]

b) Wie alt bist du? ____ Jahre ____ Monate ____ Tage

4 Karlo macht eine Radtour von 45 km Länge.
In einer Stunde fährt er durchschnittlich 15 km.
Unterwegs legt er eine Pause von $1\frac{3}{4}$ h ein.
Wie viele h und min ist er insgesamt unterwegs?

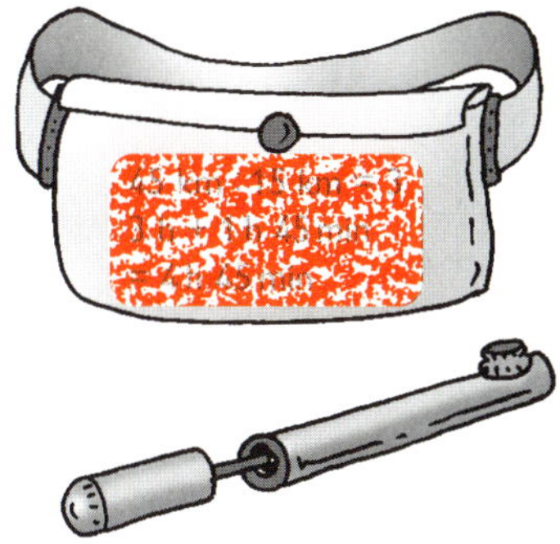
[redacted]

A: Er ist ______ h und ______ min unterwegs.

- ☐ Nein, ich rechne weiter.
- ☐ Ja, ich gehe auf Level 1 zurück.
- ☐ Ja, ich brauche 5 Minuten Pause.

5 a) Wie lange dauert jeweils die Hin- und Rückfahrt mit dem Reisebus?

Hinfahrt: ______ h ______ min

Rückfahrt: ______ h ______ min

b) Wie viele Tage dauert die gesamte Reise? ______ Tage

Stuttgart ⟶	Palermo
20.07.	21.07.
03.15 Uhr	09.40 Uhr
Palermo ⟶	Stuttgart
07.08.	08.08.
17.35 Uhr	22.00 Uhr

[redacted]

6 Die U-Bahnlinien 1 und 5 fahren um 8.20 Uhr vom Bahnhof ab.
Die Linie 1 ist nach 30 min wieder am Bahnhof, die Linie 5 nach 40 min. Um wie viel Uhr fahren sie wieder gleichzeitig los?

A: ______________________________

[redacted]

T

Test: Zeit

► Lösungen: Seite 82

1 Rechne in die kleinere Zeiteinheit um. [/4]

a) 6 min 55 s = ______

b) 9 h 37 min = ______

c) 3 Tage 12 h = ______

d) 3 Jahre 10 Monate = ______

2 Ergänze die fehlenden Angaben im Zugfahrplan.
Kreise den Zug ein, der am längsten unterwegs ist. [/4]

	ICE	IRE	RE
Abfahrt	7.21 Uhr	18.49 Uhr	
Fahrdauer	3 h 38 min		2 h 28 min
Ankunft		22.05 Uhr	22.35 Uhr

3 Wie viele Tage sind es zwischen dem … [/2]

a) 25. Mai und 12. Juni: ______

b) 15. November und 7. Dezember: ______

4 Ein Marathon hat eine Wegstrecke von 42 km.
Im Schnitt läuft Kai 7 km in 45 min, Pia 6 km in 39 min.
Wie lange brauchen beide jeweils für die Gesamtstrecke? [/2]

Kai: ____ h ____ min Pia: ____ h ____ min

Gesamtpunkte: [ ]

► Tabelle, Seite 84

Mach mit!

► Finde heraus, wie oft dein Herz in einer Minute schlägt.

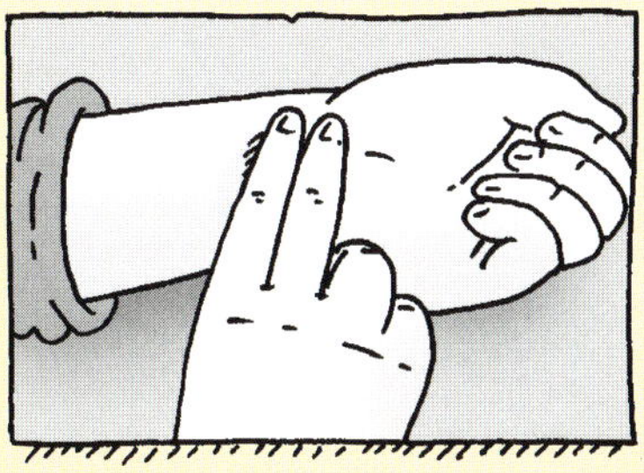

Miss dazu deinen Puls.
Du kannst ihn an der Innenseite deines Handgelenks fühlen.

______ Herzschläge pro Minute

Überschlage im Kopf und rechne: Wie oft schlägt dein Herz …

a) in einer Stunde? ________ b) an einem Tag? ____________

c) in einer Woche? ________ d) in einem Monat? ____________

► Mache nun 10 Liegestütze und miss dann deinen Puls. Vergleiche mit dem Ruhepuls.

______ Herzschläge pro Minute

► Hast du ein Gefühl für Zeit? Schließe die Augen. Wenn du meinst, eine Minute ist um, öffnest du die Augen. Vergleiche mit der Uhr: Wie nahe liegst du an der Minute?

► Wie viel Zeit brauchst du für die folgenden Tätigkeiten? Schätze zuerst, miss dann möglichst genau mit einer Uhr.

	geschätzt:	gemessen:
a) das Abc aufsagen	____________	____________
b) ein Wasserglas austrinken	____________	____________
c) die Zähne putzen	____________	____________

S Rauminhalte

1 Wie viel Wasser passt jeweils in die Gefäße?
Ordne ihnen das richtige Fassungsvermögen zu.

250 ml [redacted]
1 l
10 l
10 l
30 l

2 Schreibe auf drei Arten auf.

250 ml = 0 l 250 ml = 0,250 l

750 ml ____________

1 500 ml ____________

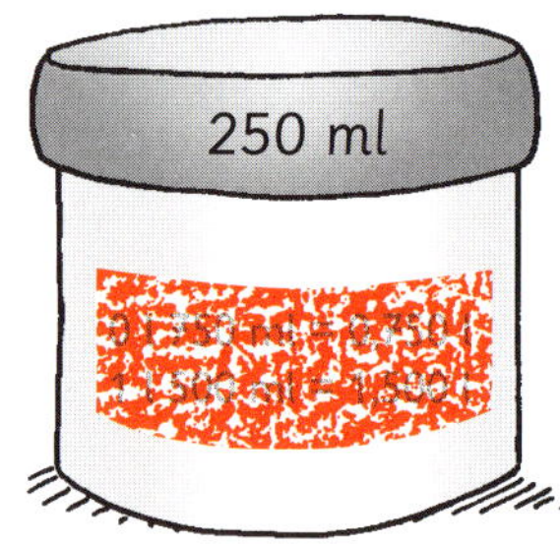

3 a) Zeichne die Wassermenge ein. Ergänze die Angaben in ml.

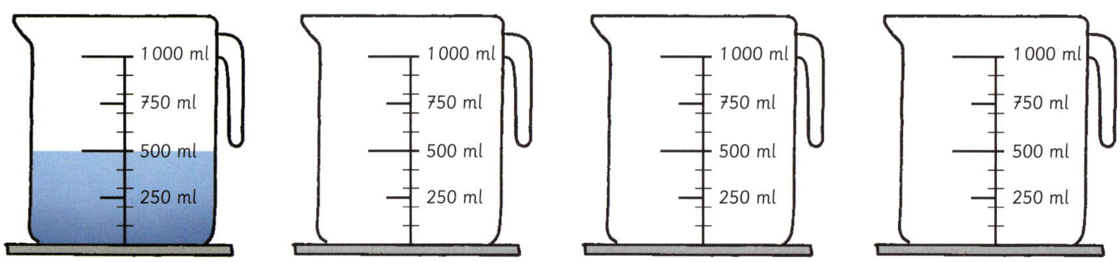

$\frac{1}{2}$ l = 500 ml $\frac{1}{4}$ l = ______ ml [redacted] $\frac{3}{4}$ l = ______ ml [redacted] $\frac{1}{8}$ l = ______ ml [redacted]

b) Wie oft musst du jeden der Becher füllen, um 1 l zu erhalten?

	Becher 1	Becher 2	Becher 3
Füllmenge	$\frac{1}{2}$ l	$\frac{1}{4}$ l	$\frac{1}{8}$ l
Anzahl Becher			

▸ Regelbuch: 3 12

4 Rechne aus und schreibe mit Komma.
Suche zu jedem Ergebnis
den passenden Buchstaben.
Trage ihn unten in die Kästchen ein.
Jetzt weißt du, was Karlo gerne trinkt.

0,5 l: E	3,75 l: A
2,25 l: U	9,75 l: S
2,7 l: B	7,5 l: R

a) 2 l + 700 ml = ______

b) 15 l – 7,5 l = ______

c) 250 ml + 3,5 l = ______

d) 6,5 l – $4\frac{1}{4}$ l = ______

e) 6 250 ml + 3,5 l = ______

f) 1 300 ml – 0,8 l = ______

Lösung: ☐ ☐ ☐ ☐ ☐ ☐

5 Eine Kuh gibt im Monat (30 Tage) im Schnitt 1 200 l Milch.
Ergänze, wie viele l Milch jeweils gemolken werden können.

Zeit	Monat	Tag	Halbjahr	Jahr
Menge				

6 Karlo füllt viermal am Tag Konfettis Wassernapf auf.
Insgesamt passen 250 ml Wasser in den Napf.
Wie viele l Wasser bleiben in Karlos Flasche übrig?

A: ______

______

Wo willst du weiterarbeiten? → Level 1 / Level 2

1

Rauminhalte

1 Wie viele ml fehlen zu 1 l? Ergänze.

250 ml + ____________ $\frac{1}{2}$ l + ____________

75 ml + ____________ $\frac{3}{4}$ l + ____________

2 < , > oder = ? Setze das richtige Zeichen ein.

2,5 l ☐ 4 l   800 ml ☐ $\frac{1}{2}$ l   2,5 l ☐ 2 600 ml

$\frac{3}{4}$ l ☐ 750 ml   40,5 l ☐ 40 $\frac{1}{4}$ l   0,35 l ☐ 350 ml

3 Schreibe als Kommazahl und ordne von klein nach groß.

3 l 45 ml	250 ml
900 ml	$\frac{3}{4}$ l
2 790 ml	1 $\frac{1}{2}$ l

____

____

4 Karlo gießt seine Blumenbeete.
Wie viele l Wasser braucht er insgesamt?
Schreibe dein Ergebnis auf die Gießkanne.

7 800 ml – 1 l = ________ l   5,5 l + 70 ml = ________ l

11 $\frac{1}{2}$ l + 18,5 l = ________ l   9,4 l – 3,2 l = ________ l

5 Aus einem Wasserhahn tropfen in 30 s 5 ml Wasser. Wie viele ml Wasser gehen so in einer Stunde verloren? Trage die Ergebnisse in die Tabelle ein.

30 s	1 min	1 h

6 Kathrin badet zweimal in der Woche.
Leo duscht pro Woche fünfmal.
Wie viele l Wasser spart er beim Duschen?

A:

7 a) Lies im Schaubild den durchschnittlichen Wasserverbrauch einer Person pro Tag ab. Schreibe die einzelnen Werte auf die Linien.

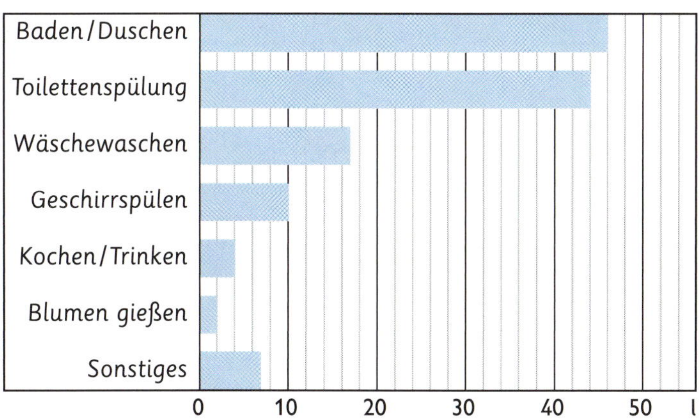

b) Wie viele l Wasser verbraucht eine Person pro Tag insgesamt?

c) Wie groß ist der durchschnittliche Wasserverbrauch im Monat (30 Tage)?

? Traust du dich jetzt an Level 2?

2 Rauminhalte

1 Wandle in die kleinere Einheit um.

0,004 l = ______ 3,007 l = ______

0,07 l = ______ 0,6 l = ______

2 Wie viele l Wasser fließen durch den Schlauch?
Rechne aus. Schreibe das Ergebnis als Kommazahl.

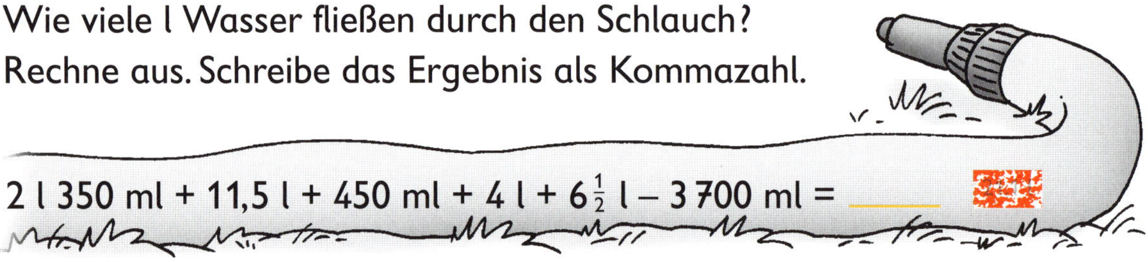

2 l 350 ml + 11,5 l + 450 ml + 4 l + $6\frac{1}{2}$ l – 3 700 ml = ______

3 a) Vergleiche das Fassungsvermögen der Regentonnen.
Rechne und trage das passende Zeichen ein: < oder > .

0,75 l · 80 ______ ☐ 5 400 l : 15 ______ ☐ $25\frac{1}{4}$ l · 12 ______

b) Die kleinste Regentonne ist undicht.
Pro Minute läuft durchschnittlich
500 ml Wasser aus. Nach wie vielen
min ist die Regentonne leer?

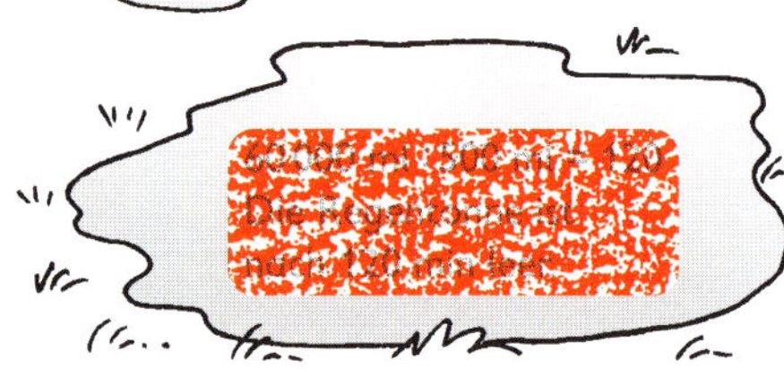

A: ______

☐ Nein, mir fällt das Rechnen leicht.

☐ Ja, ich hole mir auf Seite 64 Hilfe.

☐ Ja, ich brauche eine Pause.

4 a) In eine Badewanne passen ungefähr 140 l Wasser. Wie oft müsste man mit einer Tasse schöpfen, um die Badewanne vollständig mit Wasser zu füllen?

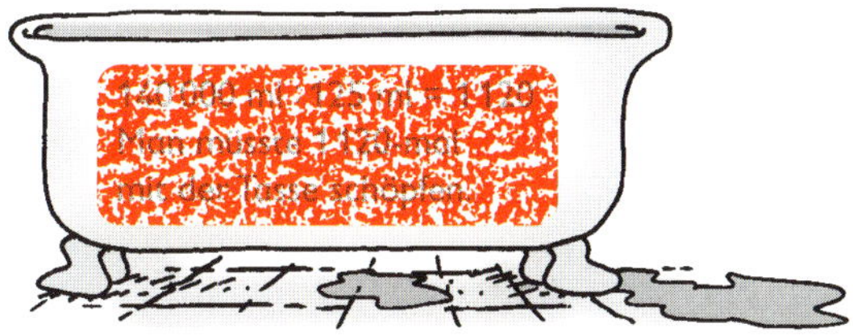

A: ______________________

____

b) Mit der Tasse im Maul schafft Konfetti den Gang zur Badewanne in 15 s. Wie viele min bräuchte er, um auf diese Weise die Wanne zu füllen? ______ min

[redacted]

5 Lies den durchschnittlichen Trinkwasserverbrauch einer Person pro Tag ab. Achte auf die Länderunterschiede.

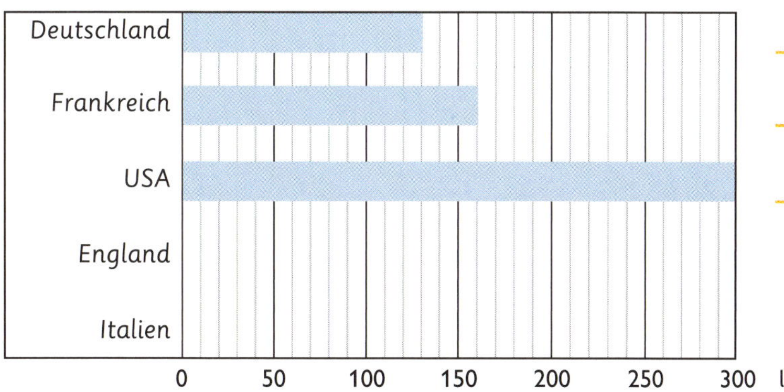

____

____

____

[redacted]

a) Wie viele l Wasser werden in den USA im Schnitt mehr verbraucht als in Deutschland? ______________

[redacted]

b) Berechne den Trinkwasserverbrauch von England und Italien. Zeichne die beiden Werte in das Schaubild oben ein.

Test: Rauminhalte

► Lösungen: Seite 83

1 Rechne um. — 4

a) 345 ml = ______ l

b) $2\frac{1}{2}$ l = ______ ml

c) 0,02 l = ______ ml

d) 50 ml = ______ l

2 Schreibe mit Komma. Ordne die Mengen nach der Größe. — 2

12,4 l | 750 ml | $\frac{1}{2}$ l | 40 ml | 1 l 500 ml

0,04 l < ______

3 Wie viel Wasser tropft aus dem Hahn? Rechne aus. — 2

a) 19 l + 6 050 ml + 7,8 l = ______ l

b) $8\frac{1}{2}$ l + 3 700 ml + 13 l 345 ml = ______ l ______ ml

4 Eine Regentonne fasst 180 l Wasser. — 2

a) Wie viele 5-l-Eimer können mit Wasser gefüllt werden? ______ Eimer

b) Insgesamt werden 12 Eimer gefüllt. Wie viele ml fassen diese Eimer, wenn die Tonne ausgeschöpft wird? ______ ml

5 In 2 min fließen 122 l Wasser durch den Gartenschlauch. Nach 23 min ist der Teich voll. Wie viele l Wasser befinden sich darin? Fülle die Tabelle aus. — 2

Zeit	2 min	1 min	23 min
Menge			

Gesamtpunkte:

► Tabelle, Seite 84

Mach mit!

► Suche Gefäße mit unterschiedlichen Formen.
Wie viele ml Wasser passen hinein? Schätze zunächst.
Miss den Inhalt jeweils mithilfe eines 250-ml-Glases.

► Auf Verpackungen findest du oft Angaben in ml und l.
Schau dich in eurem Haushalt um. Findest du sechs Verpackungen mit unterschiedlicher Füllmenge?

Ordne die Verpackungen nach ihrer Füllmenge.

► Lege einen Waschlappen in einen halbvollen Messbecher mit Wasser ($\frac{1}{2}$ l). Wie oft musst du ihn ausdrücken, bis das Wasser aufgebraucht ist?

_____ Mal

► Hier kannst du ein leckeres Getränk mit Marmormuster mixen. Miss die Mengen genau ab.

Du brauchst:
100 ml Kirschsaft
100 ml Bananensaft
1 Bananenscheibe

Fülle den Kirschsaft in ein Glas ab.
Gib dann den Bananensaft darüber.
Verziere den Glasrand mit einer Bananenscheibe.

Geometrie

1 Setze die Muster in deinem Heft fort. Verwende ein Lineal.
Fallen dir noch mehr solcher Muster ein?

2 Schau dir das Bild genau an. Welche Figuren entdeckst du?
Gib die Anzahl der geometrischen Figuren an.

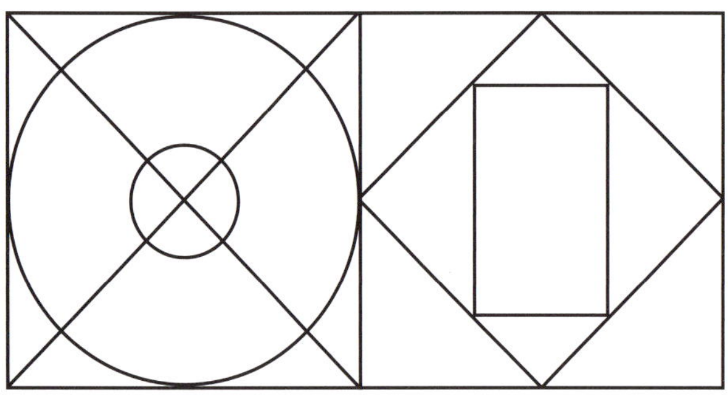

Dreiecke

Quadrate

Rechtecke

Kreise

3 Welche Linien sind parallel zueinander?
Markiere sie farbig. Achte auf Karlos Tipp.

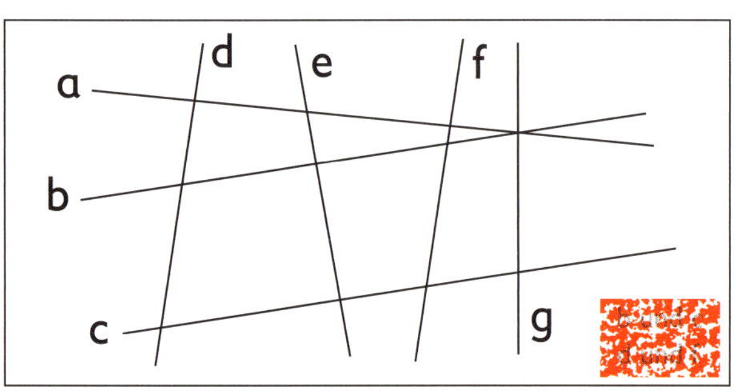

4 Wie viele rechte Winkel siehst du?
Kennzeichne sie so: ⊾
Kontrolliere mit einem Geodreieck.

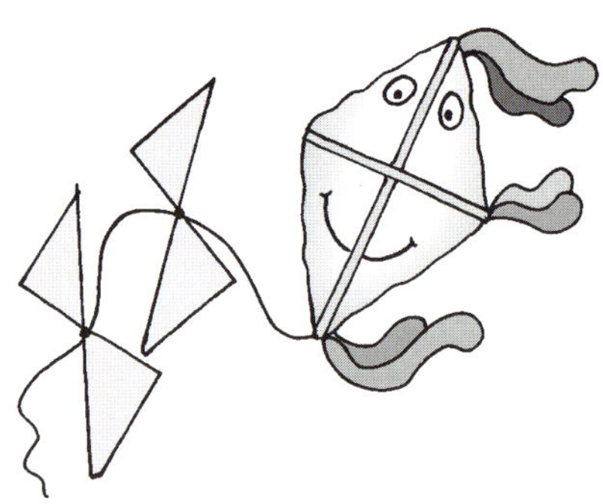

______ rechte Winkel

▸ Regelbuch: 5

5 Welche Zahlen sind symmetrisch? Kreuze an.
Zeichne die Symmetrieachsen rot ein.
Überprüfe dein Ergebnis mit einem Spiegel.

0	1	3	8	9
X	☐	☐	☐	☐

6 a) Gib die Fläche der Gärten in Quadratmetern an.
Male den Garten mit der größten Fläche an.

> Ein Quadrat mit der Länge 1 m und der Breite 1 m nennt man Quadratmeter.
> 1 ☐ bedeutet hier 1 Quadratmeter.

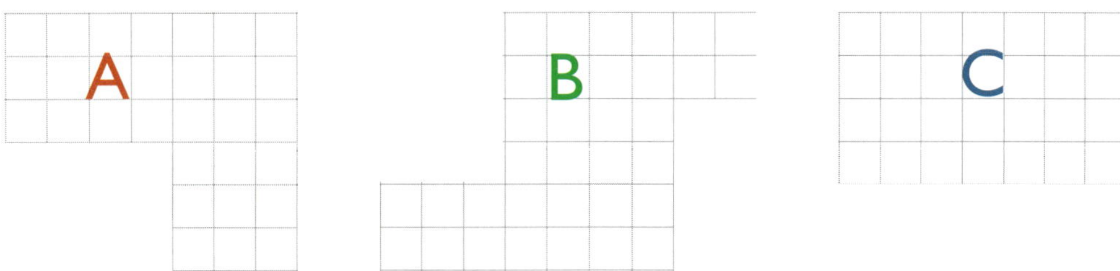

A: ________ Quadratmeter

B: ________ Quadratmeter

C: ________ Quadratmeter

b) Karlo möchte den Garten umzäunen.
Wie viele m Zaun braucht er jeweils?
Berechne den Umfang der Gärten.
Eine Kästchenlänge entspricht 1 m.

A: ______ m

B: ______ m

C: ______ m

? Wo willst du weiterarbeiten? → Level 1 / Level 2

Geometrie

1 Verwende für die Aufgabe ein Geodreieck.
a) Zeichne zwei Geraden b und c, die *parallel* zu a sind.
b) Zeichne eine Gerade d, die *senkrecht* zu a ist.
Markiere die rechten Winkel, die dabei entstehen.

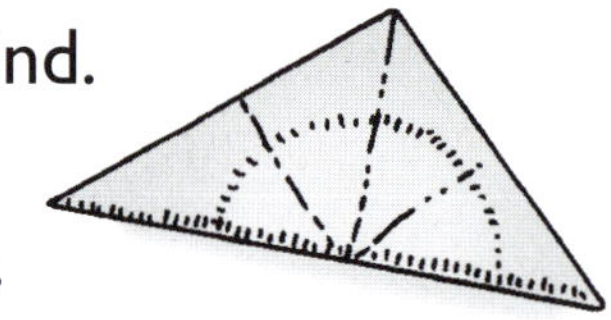

a

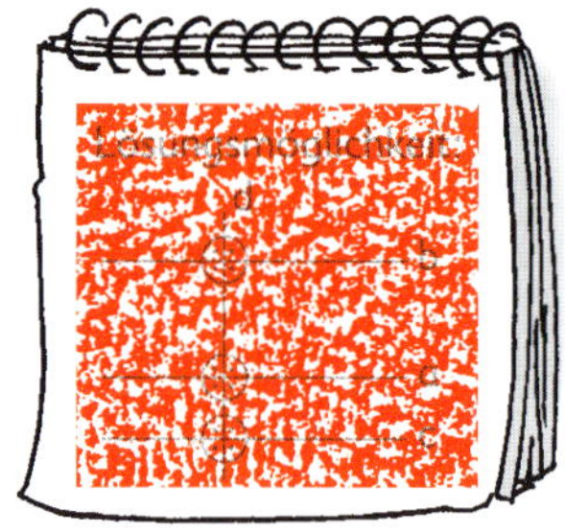
[redacted]

2 a) Zeichne die Figuren mit dem Geodreieck in dein Heft.
Welche Figuren entstehen? Schreibe ihren Namen auf.

Figur A: 4 Seiten
Jede Seite ist 3,5 cm lang.
__________ [redacted]

Figur B: 4 Seiten
2 Seiten sind je 2,3 cm und
2 Seiten sind 1,8 cm lang.
__________ [redacted]

3 Ergänze zu achsensymmetrischen Figuren. Male sie bunt an.

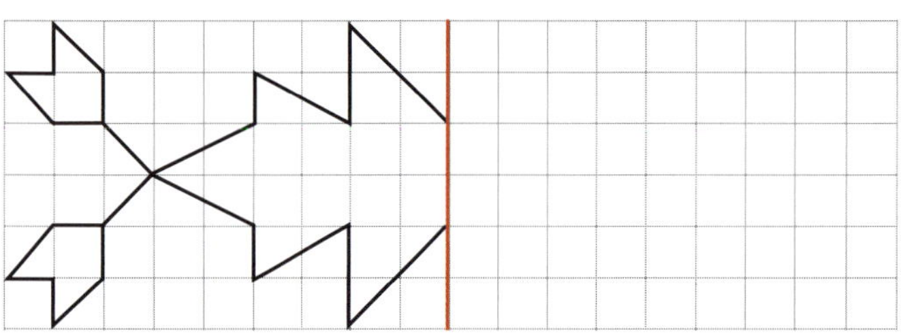

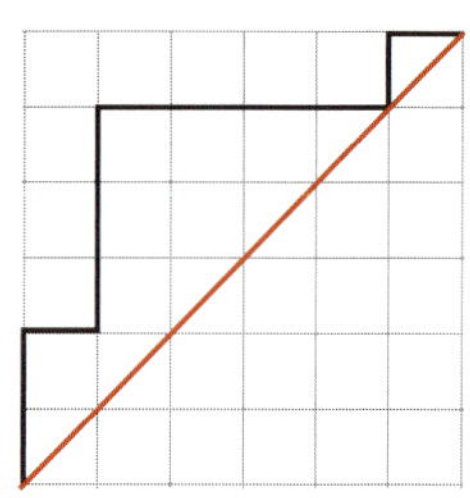

[redacted]

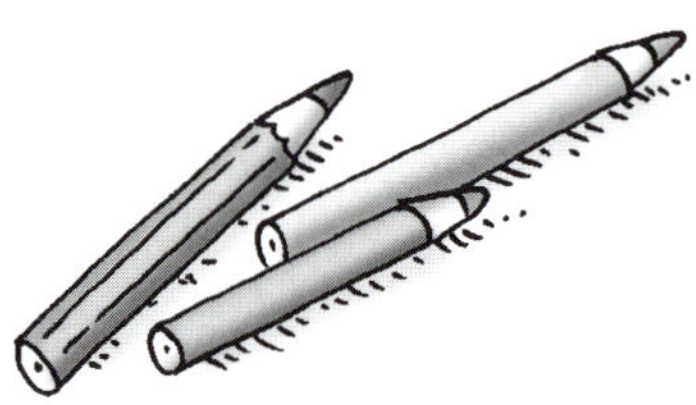

[redacted]

4 Ein Grundstück hat einen Umfang von 16 m.
Wie kann es aussehen?
Zeichne zwei Möglichkeiten.

5 Kennst du die Namen dieser Körper? Ordne zu.

Zylinder Würfel Quader Pyramide Kegel

6 Untersuche die Eigenschaften der Körper.
Ergänze die fehlenden Angaben in der Tabelle.

	Würfel	Quader	Kegel	Zylinder
Ecken				
Flächen				
Kanten				

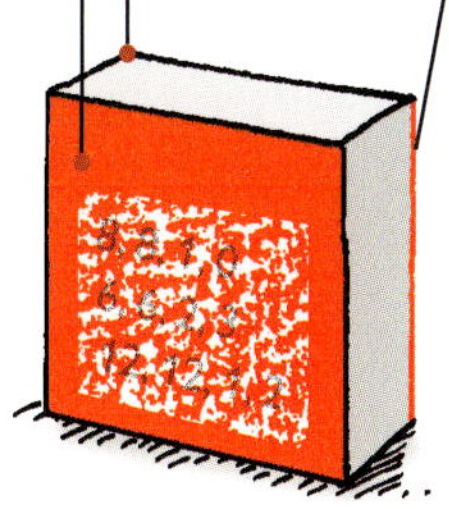

7 Aus wie vielen Würfeln besteht dieser Körper?
Trage die Zahlen in den Bauplan ein.

3		

? Traust du dich jetzt an Level 2 ?

Geometrie

1 a) Zeichne eine Gerade b,
die *parallel* zu a ist und
einen Abstand von 2 cm hat.

b) Verbinde die beiden Geraden
mit einem Geodreieck so,
dass ein Dreieck mit
rechtem Winkel entsteht.

2 a) Übertrage die Figuren vergrößert in dein Heft.
Jede Seite muss doppelt so lang sein.
b) Zeichne zu jeder Figur das Spiegelbild.

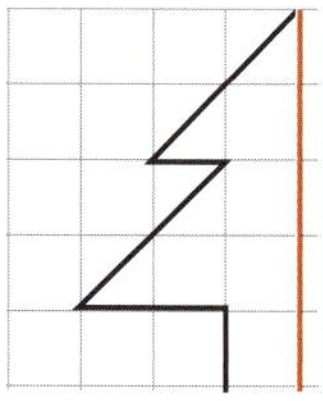

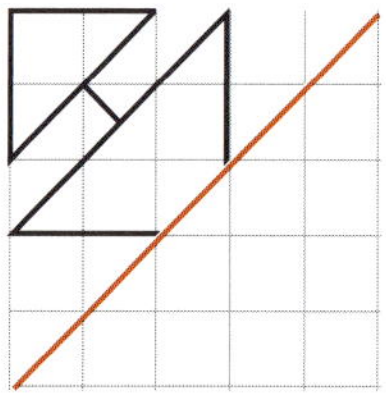

3 Vergleiche die Fläche und den Umfang der Figuren.

a) größte Fläche: Figur ______

mit ______ Quadratmetern

b) größter Umfang: Figur ______

mit ______ m

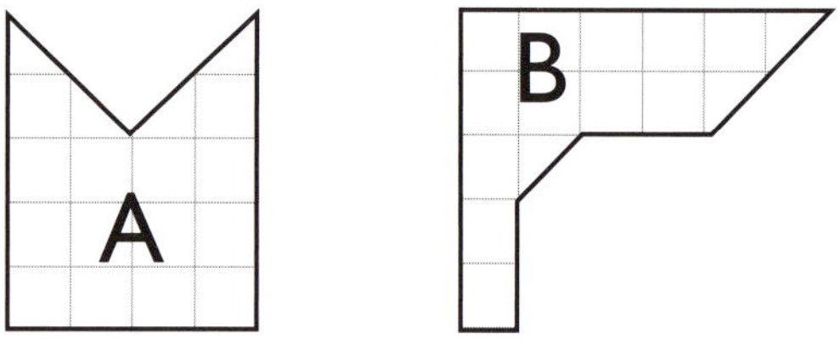

☐ Nein, ich mache weiter.

☐ Ja, ich blättere noch einmal zu Level 1.

☐ Ja, ich versuche es später noch einmal.

4 Welche geometrischen Körper ertastet Konfetti?

a) Der Körper hat 12 gleich lange Kanten.

____

[redacted]

b) Der Körper hat eine quadratische Grundfläche. Vier Kanten treffen sich in einer Spitze.

______________ [redacted]

5 Zu welchen Körpern gehören die Netze? [redacted]

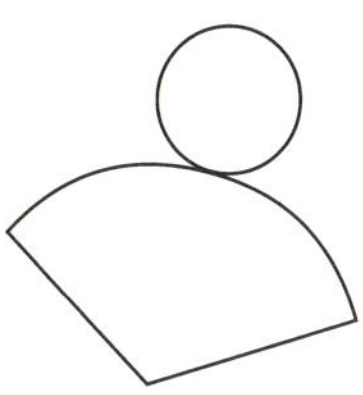

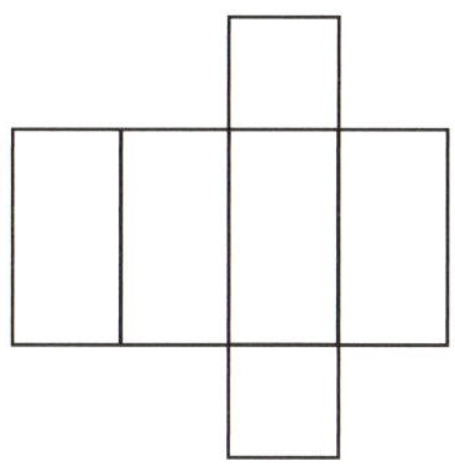

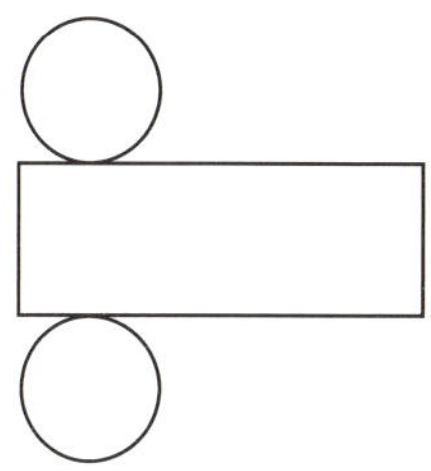

______________ ______________ ______________

6 Aus welchem Netz lässt sich ein Würfel bauen?
Markiere gegenüberliegende Flächen in derselben Farbe.

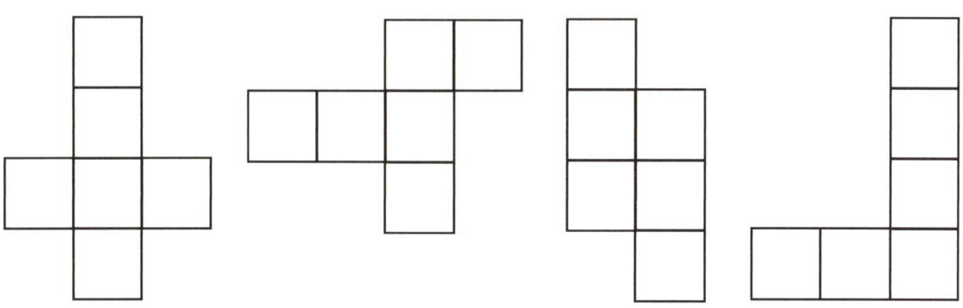

[redacted]

7 Wie viele Würfel fehlen jeweils zu einem vollständigen Quader?

a) ________ [redacted] b) ________ [redacted]

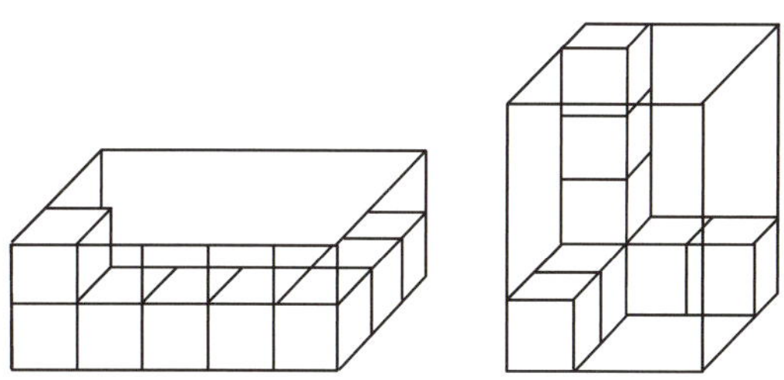

T

Test: Geometrie

▸ Lösungen: Seite 83

1 a) Welche Geraden sind parallel zueinander?

____

b) Wie viele rechte Winkel entdeckst du?

________ rechte Winkel

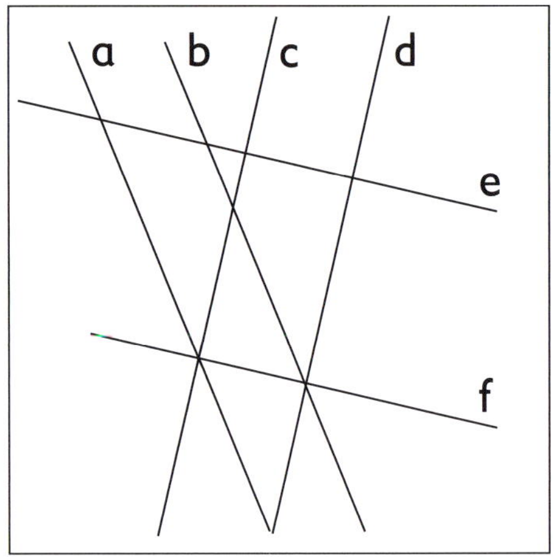

2

2 a) Zeichne ein Rechteck mit einer Länge von 3,5 cm und einer Breite von 2,5 cm in dein Heft. Kennzeichne die Symmetrieachsen mit Rot.

2

b) Bestimme Fläche und Umfang des Rechtecks. Ein Karokästchen bedeutet ein Quadratmeter (m^2). Eine Kästchenlänge entspricht 1 m.

2

Fläche: ________ m^2 Umfang: ________ m

3 Übertrage die Figuren in dein Heft. Ergänze symmetrisch.

3

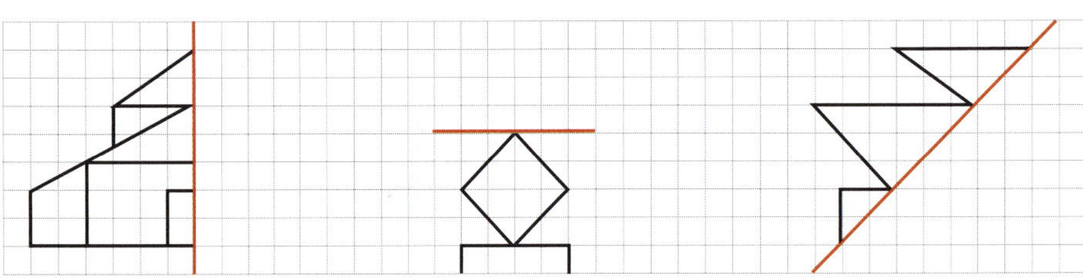

4 a) Welcher Körper ist gemeint?
b) Zeichne zu diesem Körper zwei passende Netze in dein Heft.

Alle Flächen sind rechteckig.

3

Gesamtpunkte:

► Tabelle, Seite 84

Mach mit!

► Karlo und Konfetti haben im Museum ein tolles Bild entdeckt.

Welche Figuren sind versteckt?
Fahre sie mit Buntstiften nach.

► Gestalte ein Bild nach eigenen Ideen.
Verwende Geodreieck und Zirkel.

► Welche symmetrischen Zahlen, Buchstaben und Wörter findest du? Experimentiere mit einem Spiegel.
Hier hast du Platz, die Bilder zu zeichnen oder einzukleben.

► Schau dich in deinem Zimmer um. Wo findest du überall rechte Winkel? Kontrolliere mit einem Geodreieck.

► Optische Täuschung: Hier ist ein genaues Auge gefragt.

Welche Linien sind parallel?

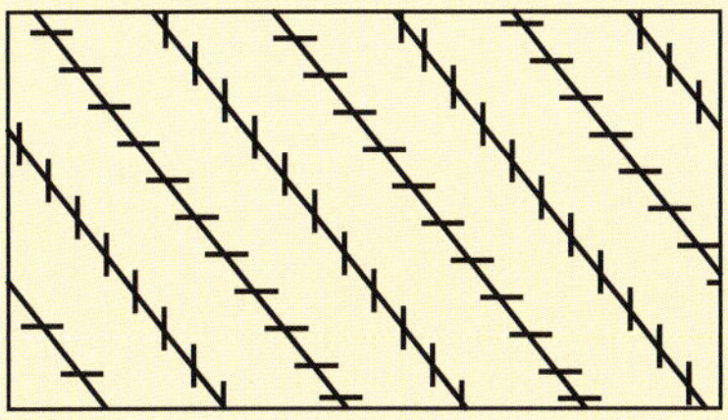

Alle Linien sind parallel.

Welche Linie ist länger?

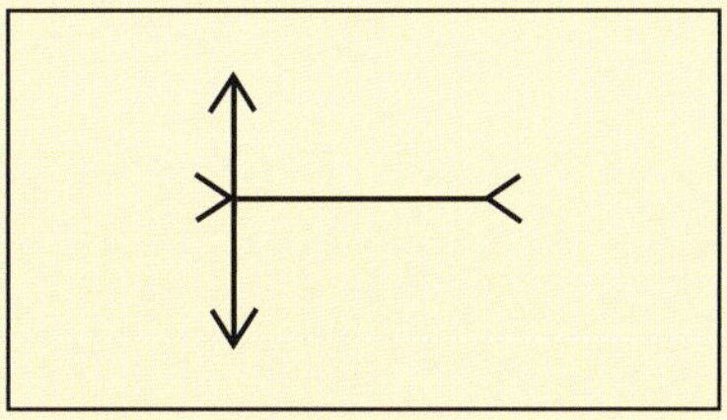

Beide Linien sind gleich lang.

Mach mit!

► **Römische Mühle** (für 2 Spieler)
Schon zur Zeit der Römer war das Mühlespiel bekannt. Man spielte es aber auf runden und nicht auf eckigen Feldern.

Jeder von euch bekommt drei Spielsteine einer Farbe. Zunächst werden die Steine abwechselnd gesetzt. Dann dürfen sie verschoben werden. Wer mit seinen drei Steinen als Erstes eine Linie bilden kann, hat eine Mühle und somit gewonnen.

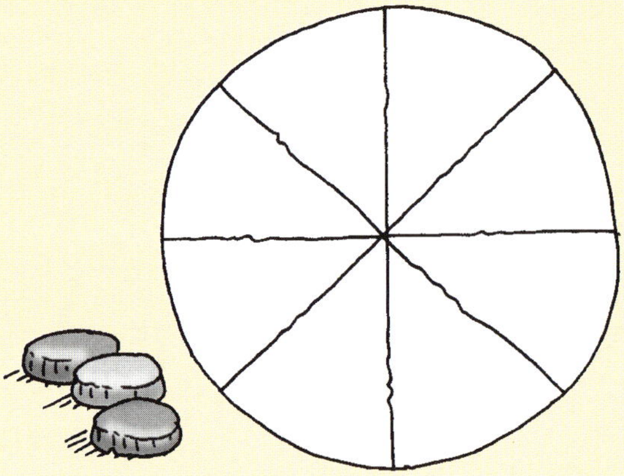

► Handeln war eine Spezialität der Römer. Umso wichtiger war es deshalb für sie, gut abschätzen zu können, was Sache ist. Wie viele Linsen siehst du im Glas? Schätze erst, zähle dann genau nach.

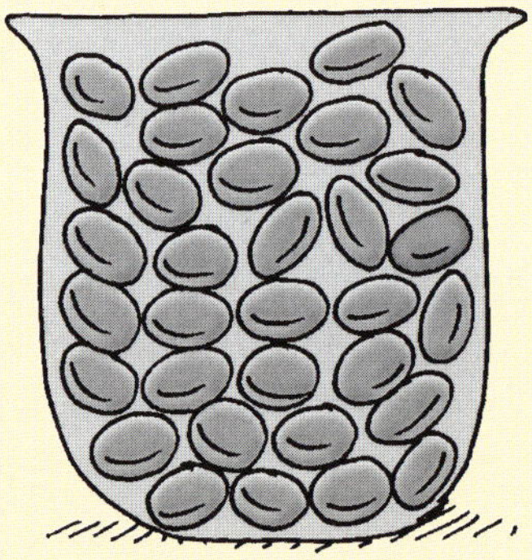

Lösung: ________ Linsen

► Die Römer benutzten Balkenwaagen, um Dinge abzuwiegen. Sie kannten jedoch nur eine Gewichtseinheit: 1 libra = 350 g.

Wiege verschiedene Dinge (zum Beispiel Obst und Gemüse) mit einer Küchenwaage. Runde geschickt und gib das Gewicht in libra an.

____

____

Die Nusspyramide

Spiele mit Nüssen waren bei römischen Kindern beliebt.
Du brauchst: vier Walnüsse (oder Kastanien, Steine ...).

Lege drei von den vier Nüssen wie ein Dreieck hin. Nimm die vierte Nuss und lasse sie von oben in die Mitte des Dreiecks fallen.

Schaffst du es, dass diese Nuss auf den anderen liegen bleibt und das Ganze wie eine Pyramide aussieht?
Tipp: Je größer die Höhe, aus der du die Nuss fallen lässt, desto schwieriger ist natürlich das Spiel. Probiere es aus.

Römermosaik

Hier kannst du selbst ein buntes Römermosaik herstellen.
Du brauchst: weißen Papierbogen, Schere, Klebstift, buntes Papier (z.B. von alten Prospekten und Zeitungen).

Zerreiße oder schneide das bunte Papier in kleine Stücke und sortiere diese nach Farben.

Beklebe den weißen Bogen Papier mit den bunten Papierstücken. Dazwischen darf ein kleiner weißer Rand zu sehen sein.
Welche Muster fallen dir ein?

A Lösungen zu den Tests

Seite 12: Zahlenraum bis 1000 000

1

	T	H	Z	E
a)	4	0	4	2
b)	1	2	3	6

2 H: 735 800, 735 900
T: 735 000, 736 000
ZT: 730 000, 740 000

3 1 640, 1 760, 1 880, 2 000 (120er-Schritte)

4 87 415 < 239 841 < 241 665 < 308 217 < 448 329 < 448 728

5 Rechnung: 6 150 – 2 100 = 4 050 Ergebnis: 4 050

Seite 20: Addition und Subtraktion

1 a) 7 133 b) 55 623 c) 690 865

2 a) 61 502 b) 41 031

3 a)

```
   [6] 4  8 [3]
+   5  7 [3] 8
 1  1  1  1
---------------
 1  2 [2] 2  1
```

b)

```
 1 [0] 8  4 [3]
–   6 [2] 9  5
 1     1  1
---------------
    4  5 [4] 8
```

4 6 590,74 € – 3 888,90 € = 2 701,84 €
Umkehraufgabe: 2 701,84 € + 3 888,90 € = 6 590,74 €

5 Sitzplätze insgesamt: 40 000 – 8 833 = 31 167
besetzte Sitzplätze: 27 478 + 3 190 = 30 668
leere Sitzplätze: 31 167 – 30 668 = 499

Seite 28: Multiplikation

❶ a) 200 — Ü: 200 · 4 = 800
b) 7 000 — Ü: 7 000 · 4 = 28 000

❷ a) 36 000
36 000
b) 7 200
72 000

❸ a) Ü: 5 000 · 4 = 20 000 — 4 763 · 4 = 19 052
b) Ü: 2 000 · 30 = 60 000 — 2 309 · 30 = 69 270

❹ a) 6 583 · 47 = 309 401
b) 1 273 · 285 = 362 805 — A: a) < b)

❺ Kosten pro Tag: 132 ct · 2 = 264 ct = 2,64 €
Kosten nach 7 Tagen: 264 ct · 7 = 1 848 ct = 18,48 €

Seite 36: Division

❶ a) 3 000 — b) 30 000
c) 1 960 — d) 200

❷ 26 730 : 3 = 8 910 — 26 730 : 9 = 2 970

❸ Ü: 28 000 : 7 = 4 000 — 27 864 : 7 = 3 980 R 4

❹ a) 3 028 · 15 = 45 420, denn 45 420 : 15 = 3 028
b) 2 204 : 3 = 734 R 2, denn 734 · 3 = 2 202 + 2 = 2 204

❺ 4 380 : 30 = 146 — 146 Tulpen

❻ Die Hälfte von 5 984 ist 2 992, denn 5 984 : 2 = 2 992.
Die gesuchte Zahl ist 272, denn 2 992 : 11 = 272.

A Lösungen zu den Tests

Seite 44: Gewichte

1 a) 4,950 kg b) 5,030 t c) 0,5 t d) 17,083 kg

2 a) 888 g + 4 003 g + 91 g = 4 982 g = 4 kg 982 g
b) 5 300 kg + 1 821 kg + 406 kg = 7 527 kg = 7 t 527 kg

3 Gewicht: 275 g · 12 = 3 300 g = 3,3 kg

4 1 Kiste wiegt: 6,75 kg, denn 27 000 g : 4 = 6 750 g
9 Kisten wiegen: 60,75 kg, denn 6 750 g · 9 = 60 750 kg

5 Transportgewicht des Kieslasters:
38 500 kg – 8 770 kg = 29 730 kg

Kiessack	10 kg	30 kg	15 kg
Anzahl	2 973	991	1 982

Seite 52: Längen

1 a) 8,056 km b) 24,41 m c) 23,08 m d) 6,51 m

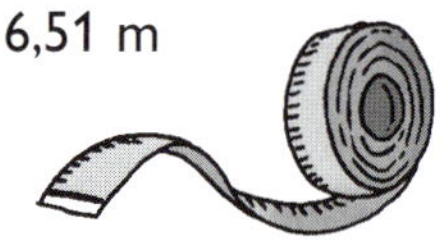

2 a) 8 056 m + 24,41 m + 23,08 m + 6,51 m = 8 110 m
b) 8 056 m – 24,41 m = 8 031,59 m

3 Gesamtstrecke an einem Tag: 6 750 m · 3 = 20 250 m, 20 250 m = 20,25 km
Gesamtstrecke in einer Woche: 20 250 m · 5 = 101 250 m, 101 250 m = 101,250 km

4 Länge in Wirklichkeit: 250 cm · 5 = 1 250 cm = 12,50 m
Breite in Wirklichkeit: 140 cm · 5 = 700 cm = 7 m

5 gefahrene Gesamtstrecke: 143 149 km – 141 733 km = 1 416 km
täglich: 1 416 km : 6 = 236 km

Seite 60: Zeit

1 a) 415 s b) 577 min c) 84 h d) 46 Monate

2

	ICE	IRE	RE
Abfahrt	7.21 Uhr	18.49 Uhr	20.07 Uhr
Fahrdauer	3 h 38 min	3 h 16 min	2 h 28 min
Ankunft	10.59 Uhr	22.05 Uhr	22.35 Uhr

Der ICE ist am längsten unterwegs.

3 a) 17 Tage b) 21 Tage

4 Kai: 42 : 7 km = 6 6 · 45 min = 270 min = 4 h 30 min
Pia: 42 : 6 km = 7 7 · 39 min = 273 min = 4 h 33 min

Seite 68: Rauminhalte

1 a) 0,345 l b) 2 500 ml c) 20 ml d) 0,050 l

2 0,04 l < 0,5 l < 0,75 l < 1,5 l < 12,4 l

3 a) 19 l + 6,050 l + 7,8 l = 32,85 l
b) 8 500 ml + 3 700 ml + 13 345 ml = 25 545 ml = 25 l 545 ml

4 a) 180 l : 5 l = 36, also 36 Eimer
b) 180 l : 12 = 15 l, also 15 000 ml

5

Zeit	2 min	1 min	23 min
Menge	122 l	61 l	1 403 l

Seite 76: Geometrie

1 a) parallele Geraden: a und b, c und d, e und f
b) 16 rechte Winkel

2

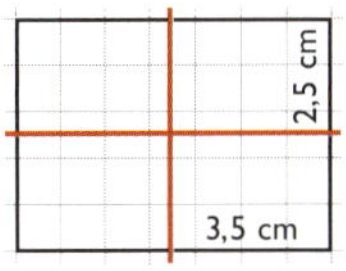

Fläche: 35 m^2 (Quadratmeter)
Umfang: 24 m

3

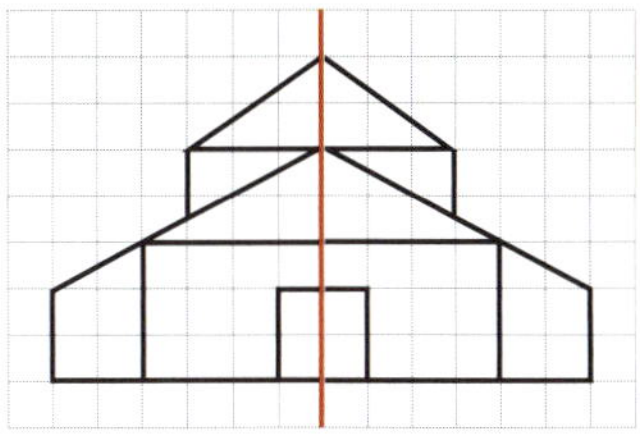

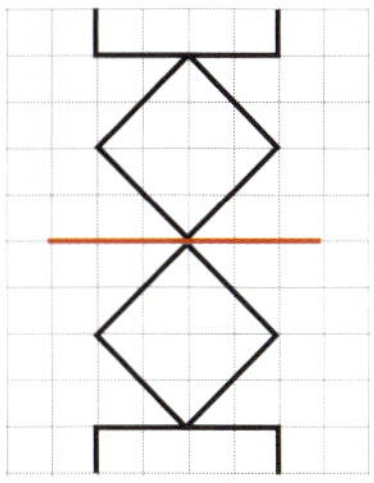

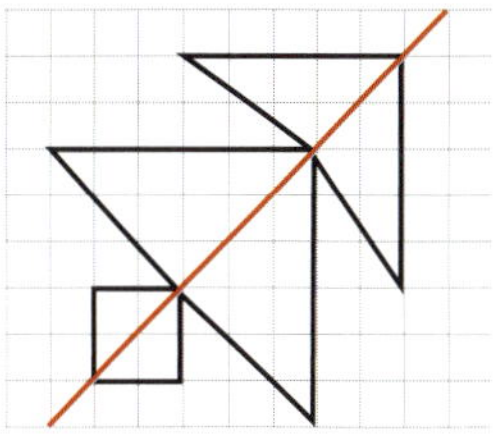

4 gesuchter Körper: Quader

Lösungsmöglichkeiten:

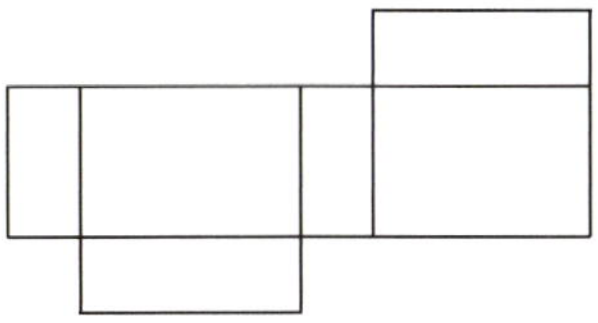

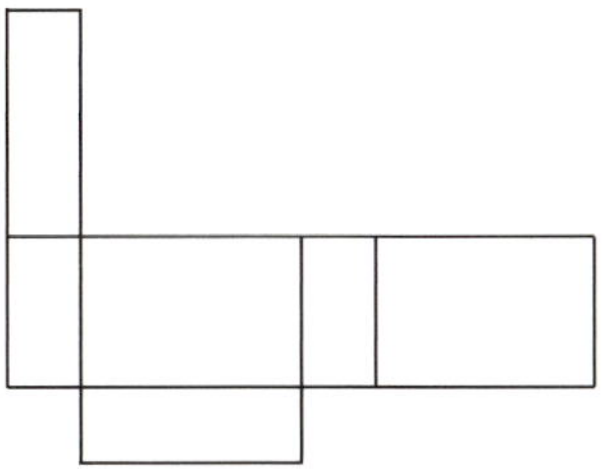

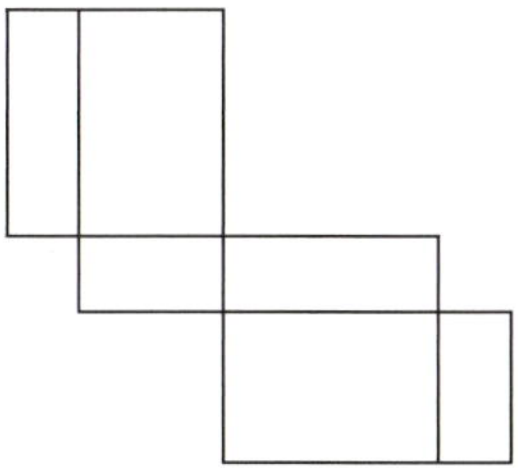

A

Beobachte deine Lernfortschritte

Hier kannst du deine Testergebnisse eintragen.
Ziehe nach jedem Test einen Querstrich bei deiner Punktzahl.
Male dann den Balken nach unten farbig aus.

	Zahlen bis 1 000 000	Addition und Subtraktion	Multiplikation	Division	Gewichte	Längen	Zeit	Rauminhalte	Geometrie
12									
11									
10									
9									
8									
7									
6									
5									
4									
3									
2									
1									

0–4 Punkte:
Du solltest das Thema noch mehr üben.
Die Lern-Detektive® bieten noch viele weitere Hefte an.
Informiere dich z. B. unter www.ravensburger.de.

5–9 Punkte:
Du hast gut geübt.
Die nächste Klassenarbeit kann kommen.

10–12 Punkte:
Das Üben hat sich richtig gelohnt.
Du hast auch knifflige Aufgaben geschafft. Sehr gut.

Wichtige Begriffe

Begriff	So kannst du auch sagen	Beispiel
$<, >$	ist kleiner als, ist größer als	$45 < 77$, $120 > 99$
~	gerundet	189 ~ 200
addieren	zusammenzählen, hinzufügen	+
Addition	Plusaufgabe	25 + 356 = 381
Summe	Ergebnis einer Plusaufgabe	381
subtrahieren	abziehen, wegnehmen	–
Subtraktion	Minusaufgabe	2 578 – 134 = 2 444
Differenz	Ergebnis einer Minusaufgabe	2 444
multiplizieren	malnehmen	·
Multiplikation	Malaufgabe	158 · 13 = 2 054
das Doppelte	verdoppeln, mit 2 malnehmen	*100 ist das Doppelte von 50.*
Vielfache	mit dem Vielfachen einer Zahl malnehmen	*Das 3-fache von 9 ist 27.*
dividieren	teilen	:
Division	Geteiltaufgabe	5 345 : 5 = 1 069
die Hälfte	halbieren, durch 2 teilen	*15 ist die Hälfte von 30.*
Teiler	Zahlen, die beim Dividieren keinen Rest ergeben	*1, 3, 9 sind Teiler von 9.*
$\frac{1}{2}$, $\frac{1}{4}$, $\frac{1}{8}$	lies: ein Halb, ein Viertel, ein Achtel	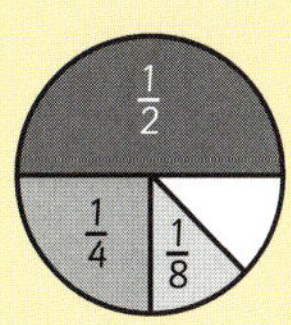

A

So übst du mit dem Regelbuch

Bevor du mit dem Üben beginnst, bastle dir dein eigenes Regelbuch.
So geht's:

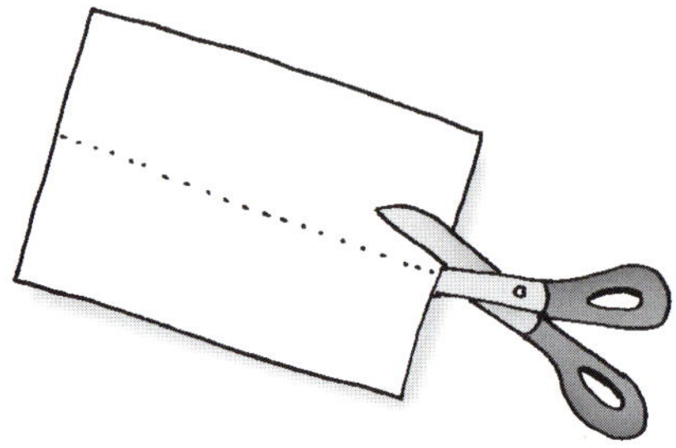

1. Schneide die Seiten am Ende des Heftes entlang der gestrichelten Linien aus.

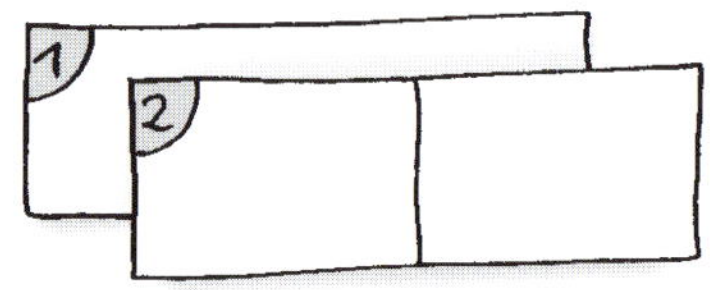

2. Ordne die Papierstreifen:
   Beginne mit Regel 1 und lege nacheinander Regel 2 bis 12 aufeinander.
   Achte auf die Zahlen links oben in der Ecke.

3. Lege die Streifen genau aufeinander und falte sie sorgfältig in der Mitte zusammen.

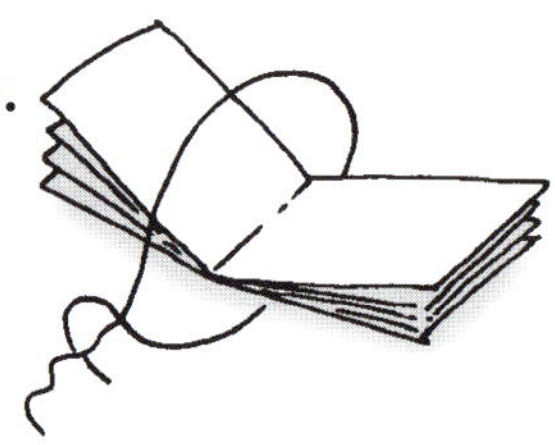

4. Nun musst du nur noch einen Bindfaden in die Falze der Mitte legen und die Enden miteinander verknoten. Fertig!

So kannst du mit dem Regelbuch üben:

1. Lies dir die Regel auf der linken Seite genau durch.

2. Sieh dir das Beispiel daneben an. Hast du es verstanden? Manchmal verstehst du das Beispiel besser, wenn du es einmal selbst abschreibst.

3. Teste die Regel mit der grünen Aufgabe: Bearbeite die Aufgabe zuerst in deinem Übungsheft. Kontrolliere sie dann mithilfe deines Regelbuchs.

Regelbuch Mathematik, 4. Klasse

4. Klasse

Mathematik

Regelbuch

Zeitpunkt und Zeitdauer

1. So kannst du den Zeitpunkt berechnen:

2. So kannst du die Zeitdauer berechnen:

Große Zahlen kannst du unterschiedlich darstellen:

Beispiel: 405

a) in einer Stellenwerttabelle

T	H	Z	E
	4	0	5

b) mit Millimeterpapier

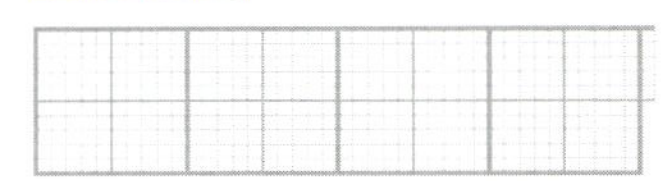

c) mit Symbolen

d) am Zahlenstrahl

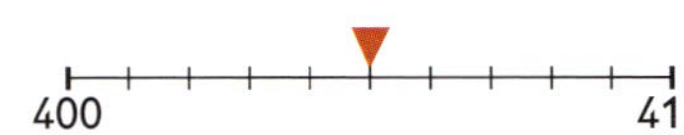

e) als Zahlwort: vierhundertfünf

1

Auf einen Blick: Zahlen bis 1 000 000

Durch Bündelung von Zahlen ergibt sich folgendes Prinzip:

10 Einer (E) = 1 Zehner (Z)
10 Zehner (Z) = 1 Hunderter (H)
10 Hunderter (H) = 1 Tausender (T)
10 Tausender (T) = 1 Zehntausender (ZT)
10 Zehntausender (ZT) = 1 Hunderttausender (HT)
10 Hunderttausender (HT) = 1 Million (M)

Der Wert einer Ziffer innerhalb einer Zahl hängt davon ab, an welcher Stelle die Ziffer in der Stellenwerttabelle steht.

Teste die Regel:
Bestimme mithilfe der Angaben Zeitpunkt und Zeitdauer. Mache hierfür ein Pfeilbild in deinem Heft.

a) Abfahrt: 07.45 Uhr
Fahrdauer: 1 h 25 min

b) Abfahrt: 20.35 Uhr
Ankunft: 22.50 Uhr

2

Auf einen Blick: Textaufgaben

So kannst du Textaufgaben leichter lösen:

1. Lies dir die Aufgabe genau durch.
2. Was du schon weißt, unterstreichst du blau.
3. Was du wissen willst, unterstreichst du rot.
4. Vielleicht hilft dir eine Zeichnung.
5. Achte auf Signalwörter, z. B. doppelt, die Hälfte …
   Sie verraten dir die Rechenart.
6. Überlege dir einen Rechenweg.
7. A: Schreibe eine passende Antwort.

Beispiel: Maßstab 1:1 000

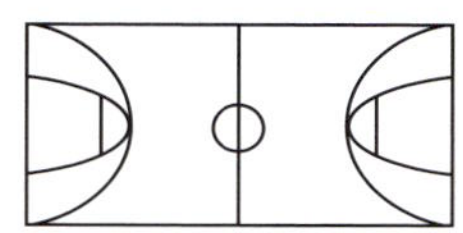

Länge des Basketballfelds:
2,8 cm · 1 000 = 2 800 cm = 28 m

Breite des Basketballfelds:
1,4 cm · 1 000 = 1 400 cm = 14 m

Teste die Regel:
Welche Maße hat ein Garten bei einem Maßstab von 1:5 in Wirklichkeit?

Länge: 7 m   Breite: 1,5 m

3

Auf einen Blick: Maßeinheiten

Geld

ct = Cent — 1 ct = 0,01 €

€ = Euro — 1 € = 100 ct

Gewichte

g = Gramm

kg = Kilogramm — 1 kg = 1 000 g

t = Tonne — 1 t = 1 000 kg

Rauminhalte

ml = Milliliter — 1 ml = 0,001 l

l = Liter — 1 l = 1000 ml

Beispiel:

a) 3,5 kg · 7

3,5 kg = 3 500 g

3 5 0 0 · 7
2 4 5 0 0

24 500 g = 24,5 kg

b) 2,75 km : 5

2,75 km = 2 750 m

2 7 5 0 : 5 = 5 5 0
2 5
2 5
2 5
0 0
0
0

550 m = 0,55 km

Teste die Regel:

a) 8,125 kg · 8

b) 36,25 m : 5

4

Auf einen Blick: Maßeinheiten

Längen

mm = Millimeter

cm = Zentimeter — 1 cm = 10 mm

m = Meter — 1 m = 100 cm

km = Kilometer — 1 km = 1000 m

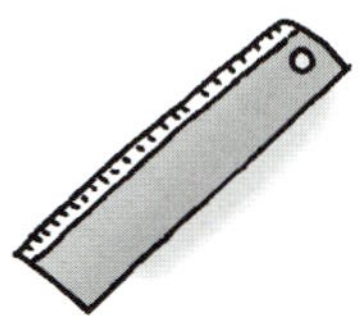

Zeit

s = Sekunde — 1 min = 60 s

min = Minute — 1 h = 60 min

h = Stunde — 1 Tag = 24 h

1 Woche = 7 Tage — 1 Jahr = 12 Monate

Beispiel:

a) 5 ~~000~~ · 3~~0~~ =

5 · 3 = 15

5 000 · 30 = 150 000

b) 18 0~~00~~ : 6~~00~~ = 30

180 : 6 = 30

18 000 : 600 = 30

Teste die Regel:

18 · 3 000 = ______

72 000 : 90 = ______

22

Maßstab

Um große Dinge, z. B. Entfernungen, auf einem Blatt Papier darstellen zu können, werden sie verkleinert.

Mit dem Maßstab gibt man an, wievielmal länger oder größer die Dinge in Wirklichkeit sind.

Maßstab 1:100 Lies: 1 zu 100

Das heißt: 1 cm auf dem Papier sind in Wirklichkeit 100 cm in der Natur.

Eine Skizze hilft dir, den richtigen Rechenweg zu finden.

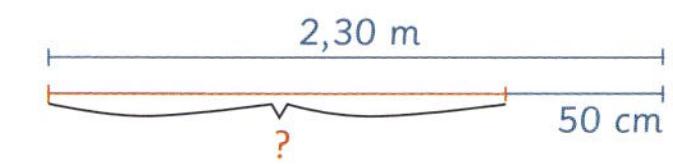

Mit einer Tabelle kannst du Zahlen und Mengen einfach miteinander vergleichen und in Beziehung zueinander setzen.

Anzahl	2	1	7
Gewicht	4 kg	2 kg	14 kg

In einem Schaubild werden Informationen bildlich dargestellt. Du kannst darin wichtige Daten ablesen.

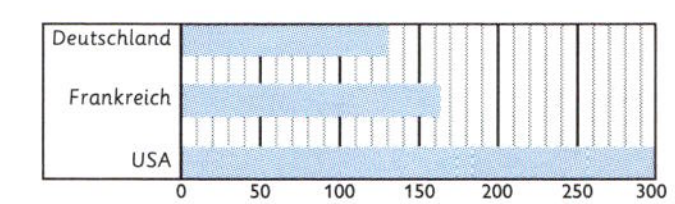

21

Multiplizieren und Dividieren mit Kommazahlen

Beim Rechnen mit Größen werden die Zahlen oft in der Kommaschreibweise angegeben.

1. Beim Multiplizieren und Dividieren mit Größen hilft es, ohne Komma zu rechnen.
2. Wandle dafür die Größen um.
   Beachte: Oftmals werden die letzten Nullen nach dem Komma einfach weggelassen.
3. Gib das Ergebnis wieder in der Kommaschreibweise an.
   Vergiss die Einheit nicht.

Beispiel:

Geld
2 € 55 ct = 2,55 € = 255 ct

Gewichte
3 kg 200 g = 3,2 kg = 3 200 g
1 t 250 kg = 1,250 t = 1 250 kg

Rauminhalte
3 l 250 ml = 3,250 l = 3 250 ml

5

Auf einen Blick: Geometrie

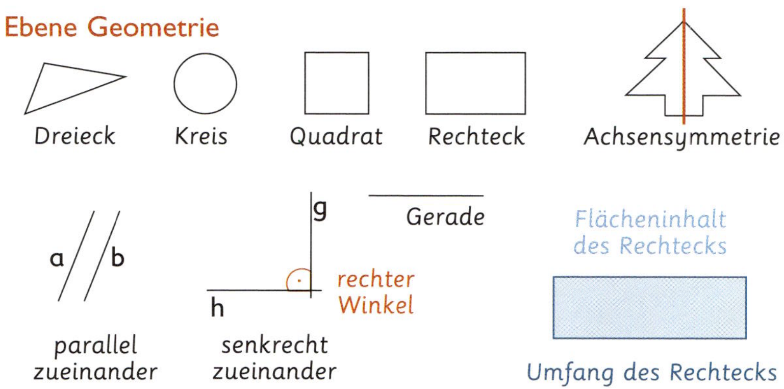

Beispiel: 414 : 18

```
H Z E           Z E
4 1 4 : 1 8 = 2 3
3 6
  5 4
  5 4
    0
```

Z: 41 : 18 = ?
~ 40 : 20 = 2
2 · 18 = 36
41 – 36 = 5,
hole 4 herunter

E: 54 : 18 = 3, schreibe 3
denn 3 · 18 = 54
54 – 54 = 0

Teste die Regel:
2196 : 12

6

Nachbarzahlen

Jede Zahl hat auf dem Zahlenstrahl ihren festen Platz.

So findest du auch für große Zahlen die Nachbarzahlen:

- den Vorgänger und Nachfolger
- die Nachbarzehner (NZ)
- die Nachbarhunderter (NH)
- die Nachbartausender (NT)

Achte jeweils auf den Stellenwert der gesuchten Nachbarzahlen.

Beispiel: 2207 : 3

```
2 2 0 7 : 3 = 7 3 5   R 2
2 1
  1 0
    9            Probe:  7 3 5 · 3
    1 7                  2 2 0 5
    1 5               +        2
      2                 ---------
                         2 2 0 7
```

Teste die Regel:
15 340 : 6

20

Multiplizieren und Dividieren mit Zehner-, Hunderter- und Tausenderzahlen

Das Rechnen mit Zehner-, Hunderter- und Tausenderzahlen kannst du geschickt vereinfachen.
Es hilft dir, mit der leichteren Aufgabe zu rechnen.

a) Multiplizieren:
Rechne erst ohne Nullen.
Hänge sie am Ergebnis wieder an.

b) Dividieren:
Streiche bei jeder Zahl die gleiche Anzahl an Nullen.

Beispiel:

Längen

2 m 74 cm = 2,74 m = 274 cm
5 km 250 m = 5,250 km = 5 250 m

Zeit

1 min 15 s = 75 s
2 h 45 min = 165 min
2 Tage = 48 h
3 Wochen = 21 Tage
$2\frac{1}{2}$ Jahre = 30 Monate

19

Schriftliche Division durch zweistellige Zahlen

Durch zweistellige Zahlen dividierst du in gleicher Weise wie durch einstellige Zahlen:

1. Beginne immer beim höchsten Stellenwert.
2. Schätze, wie oft der Teiler in die ersten zwei bzw. drei Ziffern der ersten Zahl hineinpasst. Runde geschickt.
3. Rechne nun genau nach.
4. Errechne anschließend den Rest.
5. Rechne so Schritt für Schritt zum kleinsten Stellenwert.

Raumgeometrie

Körper

Kugel Pyramide Zylinder Kegel Würfel Quader

Netze

Würfelnetz Quadernetz

7

Analogieaufgaben

Analogieaufgaben sind verwandte Aufgaben.
Sie helfen dir beim Rechnen im großen Zahlenraum.

1. Rechne zuerst die einfache Aufgabe.
2. Achte dabei auf die Stellenwerte und die Anzahl der Nullen.

Beispiel:
Teiler von 16: 1, 2, 4, 8, 16
Teiler von 7: 1, 7 (2 Teiler → 7 ist eine Primzahl.)

Vielfache von 3: 3, 6, 9, 12, 15, 18 …

Teste die Regel:

a) Teiler von 18

b) Vielfache von 5:

8

Schriftliche Addition

So addierst du schriftlich:

1. Schreibe die Zahlen stellenrichtig untereinander.
2. Setze das Pluszeichen.
3. Ziehe einen Strich mit dem Lineal.
4. Beginne mit den Einern. Addiere von unten nach oben.
5. Schreibe die Ergebniszahl an die richtige Stelle.
6. Achte auf die Überträge. Die Übertragsziffer kann auch größer als 1 sein.

Beispiel: 165 : 5

```
T H Z E         H Z E
1 6 5 0 : 5  =  3 3 0
1 5
  1 5
  1 5
    0 0
      0
      0
```

Sprich so:

T: 1 : 5 ist nicht teilbar
H: 16 : 5 = 3, schreibe 3,
denn 3 · 5 = 15
16 – 15 = 1, schreibe 1,
hole 5 herunter
Z: 15 : 5 = 3, schreibe 3,
denn 3 · 5 = 15
15 – 15 = 0, schreibe 0,
hole 0 herunter
E: 0 : 0 = 0, schreibe 0

Teste die Regel:
11 516 : 4

18

Schriftliche Division mit Rest

Aufgepasst:
Bei manchen Divisionsaufgaben gibt es einen Rest.

1. Dividiere, wie du es kennst (siehe Regel 16).
2. Geht der letzte Teilschritt beim Dividieren nicht auf, schreibe den Rest (R) hinter das Ergebnis. Der Rest muss kleiner sein als die Zahl, durch die du teilst.
3. Mit der Probe kannst du überprüfen, ob du richtig gerechnet hast.

Beispiel: 5 786

NZ: 5 780, 5 790 NH: 5 700, 5 800 NT: 5 000, 6 000

Teste die Regel:
Finde für 17 917 die Nachbarzehner, Nachbarhunderter und Nachbartausender.

[redacted]

17

Teiler und Vielfache

Alle Zahlen, bei denen beim Dividieren kein Rest entsteht, nennt man Teiler.
Ist eine Zahl nur durch 1 und durch sich selbst teilbar, so ist es eine Primzahl.

Die Vielfachen einer Zahl erhältst du durch Multiplizieren.

Beispiel:

24 + 5 = 29
240 + 50 = 290
2 400 + 500 = 2 900

38 – 4 = 34
380 – 40 = 340
3 800 – 400 = 3 400

Teste die Regel:

96 + 14
960 + 140
9 600 + 1 400 [redacted]

72 – 17
720 – 170
7 200 – 1 700 [redacted]

9

Schriftliche Subtraktion (Ergänzen)

Subtrahiere, wie du es aus der Schule kennst.
Hier siehst du eine Möglichkeit:

1. Schreibe die Stellenwerte richtig untereinander.
2. Rechne von unten nach oben. Beginne mit den Einern.
3. Betone die ergänzte Zahl beim Sprechen und schreibe sie auf.
4. Rechne mit Übertrag, wenn die Stelle der unteren Zahl größer als die Stelle der oberen Zahl ist.

Beispiel: 3 462 · 76

3	4	6	2	·	7	6
	2	4	2	3	4	0
		2	0	7	7	2
			1	1		
	2	6	3	1	1	2

1. Multipliziere mit den Zehnern.
2. Multipliziere mit den Einern.
3. Addiere die Teilergebnisse.

Teste die Regel:
6 578 · 35

10

Schriftliche Subtraktion (Abziehen)

Subtrahiere, wie du es aus der Schule kennst.
Hier siehst du eine zweite Möglichkeit:

1. Schreibe die Stellenwerte richtig untereinander.
2. Wechsle bei der vorgehenden Stelle, wenn die Stelle der unteren Zahl größer als die Stelle der oberen Zahl ist.
3. Beginne mit den Einern. Rechne von oben nach unten.

Beispiel: 1 245 · 5

1 245 gerundet auf Tausender ~ 1 000

Überschlag: 1 000 · 5 = 5 000

Teste die Regel:
Überschlage, indem du sinnvoll rundest.

7 397 · 4

16

Schriftliche Division durch einstellige Zahlen

So dividierst du durch einstellige Zahlen:

1. Beginne immer beim höchsten Stellenwert.
2. Ist die erste zu teilende Ziffer kleiner als die Zahl, durch die du teilst, musst du die nächste Ziffer dazunehmen.
3. Markiere die Ziffern, die du zusammenfasst.
   So bekommst du einen besseren Überblick.
4. Achte beim Dividieren besonders auf die Nullen.

Beispiel: 344 + 2 897

	T	H	Z	E
		3	4	4
+	2	8	9	7
	1	1	1	
	3	2	4	1

Sprich so:

E: 7 + 4 = 11,
schreibe 1, übertrage 1
Z: 1 + 9 + 4 = 14,
schreibe 4, übertrage 1
H: 1 + 8 + 3 = 12,
schreibe 2, übertrage 1
T: 2 + 1 = 3, schreibe 3

Teste die Regel:
2 351 + 3 478

15

Schriftliche Multiplikation mit mehrstelligen Zahlen

So multiplizierst du schriftlich mit mehrstelligen Zahlen:

1. Die kleinere Zahl steht immer rechts:
   Ist diese Zahl zweistellig, beginnst du mit den Zehnern.
   Ist diese Zahl dreistellig, beginnst du mit den Hundertern.
2. Schreibe die Zahlen stellenrichtig untereinander.
3. Addiere die Teilergebnisse. Vergiss den Übertrag nicht.

Beispiel: 7 347 – 3 873

	T	H	Z	E
	7	3	4	7
–	3	8	7	3
	1	1		
	3	4	7	4

Sprich so:

E: 3 + 4 = 7, schreibe 4
Z: 7 + 7 = 14,
schreibe 7, übertrage 1
H: 1 + 8 + 4 = 13,
schreibe 4, übertrage 1
T: 1 + 3 + 3 = 7, schreibe 3

Teste die Regel:
7 642 – 4 359

11

Umkehraufgaben

1. Mit der Umkehraufgabe kannst du feststellen, ob du richtig gerechnet hast.
   a) Die Umkehrung einer Subtraktion ist die Addition und umgekehrt.
   b) Die Umkehrung einer Division ist die Multiplikation und umgekehrt.
2. Die Umkehraufgabe hilft dir auch, wenn bei einer Aufgabe nicht die Ergebniszahl, sondern eine andere Zahl gesucht ist.

Beispiel: 7 602 · 4

T	H	Z	E		
7	6	0	2	·	4
3	0	4	0	8	

Sprich so:

E: 4 · 2 = 8, schreibe 8
Z: 4 · 0 = 0, schreibe 0
H: 4 · 6 = 24,
schreibe 4, merke 2
T: 4 · 7 = 28, 28 + 2 = 30,
schreibe 30

Teste die Regel:
1 829 · 5

12

Addieren und Subtrahieren mit Kommazahlen

Beim Rechnen mit Größen werden die Zahlen oft als Kommazahl angegeben.

1. Achte darauf, mit denselben Größen zu rechnen. Wandle deshalb in dieselbe Maßeinheit um.
2. Schreibe Komma immer unter Komma.
3. Vergiss die Maßeinheiten nicht.

Beispiel: 325,85 € + 95 ct

	3	2	5,	8	5	€
+			0,	9	5	€
			1	1		
	3	2	6,	8	0	€

Oder so:

	3	2	5	8	5	ct
+				9	5	ct
			1	1		
	3	2	6	8	0	ct

Teste die Regel:
7 305 m – 4,309 km

14

Überschlag und Runden

Der Überschlag kann dir beim Rechnen helfen.
Dazu musst du die Zahlen sinnvoll runden.
Mit den gerundeten Zahlen kannst du leichter im Kopf rechnen.

Achte darauf, auf welche Stelle gerundet werden soll, z. B. auf Zehner, Hunderter, Tausender.
Die Stelle rechts davon ist für die Rundung entscheidend:

Die Ziffern 1 bis 4 werden abgerundet,
die Ziffern 5 bis 9 werden aufgerundet.

Beispiel: 7 347 – 3 873

	T	H	Z	E
	6	2		
	~~7~~	~~3~~	4	7
–	3	8	7	3
	3	4	7	4

Sprich so:

E: 7 – 3 = 4, schreibe 4
Z: 4 – 7 geht nicht (wechseln), eins herüber bleibt 2.
14 – 7 = 7, schreibe 7
H: 2 – 8 geht nicht (wechseln), eins herüber bleibt 6.
12 – 8 = 4, schreibe 4
T: 6 – 3 = 3, schreibe 3

Teste die Regel:
7 642 – 4 359

[redacted]

13

Schriftliche Multiplikation mit einer einstelligen Zahl

So multiplizierst du schriftlich mit einer einstelligen Zahl:

1. Schreibe die größere Zahl zuerst auf.
2. Rechne immer von rechts nach links.
3. Die erste Ergebniszahl wird genau unter die Zahl, mit der du malnimmst, geschrieben.
4. Zeige beim Übertrag die Merkzahlen mit den Fingern.
5. Der Übertrag wird nach dem Multiplizieren mit der folgenden Zahl zum Ergebnis addiert.

Beispiel:

1 a) 4 630 – 2890 = 1 740
1 740 + 2890 = 4 630

b) 2 500 : 5 = 500
500 · 5 = 2 500

2 a) 2 178 + ___ = 2 376
2 376 – 2 178 = 198

b) 35 · ___ = 245
245 : 35 = 7

Teste die Regel:

___ – 4 158 = 8 277

5 · ___ = 14 495

[redacted]

[redacted]

Mach mit!

▶ **Rechenspiel** (2 Spieler)

Schließe deine Augen.
Dein Mitspieler schreibt dir eine Plus- oder Minusaufgabe auf den Rücken. Erkennst du sie?
Rechne die Aufgabe im Kopf.
Wechselt dann die Rollen.
Wer die meisten Runden richtig gerechnet hat, hat gewonnen.

▶ **Hüpfspiel**

Male das Hüpfspiel mit Kreide draußen auf. Wirf nun einen Stein in ein Feld. Schaffst du es, mit einem Bein dorthin zu hüpfen? Dann darfst du die Zahlen aller berührten Felder zusammenzählen.

▶ **Zahlenknobelei**

Wenn du die Zahlen (1–9) einer Reihe, einer Spalte und einer Diagonalen in den Zauberquadraten zusammenzählst, muss immer die Zahl 15 herauskommen.
Welche Zahlen fehlen noch? Trage sie mit Bleistift ein.

8	1	6
3	5	7
4	9	2

15 15

2		
	5	
	3	

	9	
	5	
		8

Lösung:
276
951
438

294
753
618

Deutsch

Wortarten erkennen

Nomen

Großschreibung • Bestimmter/unbestimmter Artikel • Einzahl/Mehrzahl • Artikelprobe • Zusammengesetzte Nomen • Endungen • Fremdwörter

Verben

Kleinschreibung • Grundform: Stamm und Endung • Flektion • Zeitformen: Präsens, Präteritum, Perfekt • Vorsilben • Wortfelder • Unregelmäßige Verben

Adjektive

Kleinschreibung • Vergleichsstufen • Gegensätze • Endungen -ig, -lich • Zusammengesetzte Adjektive

Richtig schreiben

Lange Vokale

Wörter mit ie • Wörter mit Dehnungs-h • Wortfamilien • Fremdwörter auf -ieren

Kurze Vokale

Wörter mit Doppelkonsonant • Wörter mit ck, tz • Trennung bei ck • Wortfamilien, verwandte Wörter

Nomen

1 Karlo will ans Meer verreisen und packt seine Koffer.
Schreibe die Namen der Dinge mit dem unbestimmten Artikel
in dein Übungsheft.

2 Karlo liest im Urlaub gern Tierbücher. Wie heißen die Buchtitel?
Schreibe die Wörter mit dem bestimmten Artikel auf.

3 a) Unterstreiche die Nomen in den Sätzen.

Karlo sammelt am Strand gern Muscheln.
Deshalb hat er immer einen roten Eimer
dabei. Manchmal liegt er einfach nur
in seinem Liegestuhl und genießt die Sonne.
Konfetti schläft den ganzen Tag.

b) Schreibe alle Nomen (außer den Namen) in der Mehrzahl und mit dem bestimmten Artikel in dein Übungsheft.

4 Schreibe den Satz mit Groß- und Kleinbuchstaben auf.

AMSTRANDGIBTESVIELEKREBSE,
MUSCHELNUNDSTRANDKÖRBE.

5 Lege dir eine Wörterliste an: Zähle in deinem Übungsheft 10 Seiten von hinten ab. Dort beginnt deine Liste. Suche dir in diesem Kapitel 15 Nomen aus und schreibe sie in das Heft. Im Regelbuch bei Regel 1 (ab Seite 181) erfährst du, wie du die Wörter üben kannst. Die Übungen kommen vorne ins Heft.

? Wo willst du weiterüben? → Level 1 / Level 2

1 Nomen

1 Bilde mit dem Wort WASSER zusammengesetzte Nomen und schreibe sie mit dem bestimmten Artikel ins Heft.

[redacted]

2 Wie viele zusammengesetzte Nomen findest du zum Wort HAUS? Schreibe sie ins Heft.

[redacted]

3 Bilde superlange Nomen und schreibe sie mit Artikel auf.

die Schokolade + das Plätzchen + der Guss
das Blei + der Stift + der Anspitzer + die Klinge

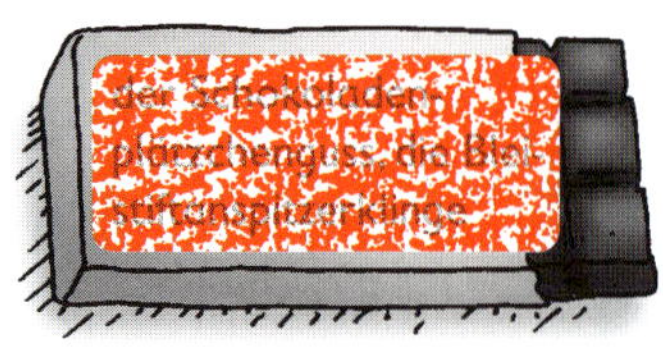
[redacted]

4 Verbinde passende Nomen und Adjektive und schreibe sie mit dem bestimmten und unbestimmten Artikel ins Heft, z. B. *die kleine Fliege – eine kleine Fliege*.

groß | klein | süß | schlau | schnell

Fliege | Elefant | Fuchs | Hase | Pferd

z. B. der große Elefant/ein großer Elefant, der schlaue Fuchs/ein schlauer Fuchs, der süße Hase/ein süßer Hase, das schnelle Pferd/ein schnelles Pferd

5 Schreibe über die Tiere aus Aufgabe 4 eine kleine Geschichte in dein Heft, z. B. *Eines Tages traf der große Elefant einen schlauen Fuchs. Der gab ihm einen guten Rat …*

6 Bilde zu den Wörtern auf Konfettis Hundehütte die Mehrzahl. Schreibe die Wörter mit Artikel ins Heft.

? Traust du dich jetzt an Level 2?

Nomen

1 a) Ergänze die Satzschlusszeichen und schreibe die Geschichte richtig ins Heft. Denke an die Groß- und Kleinschreibung.

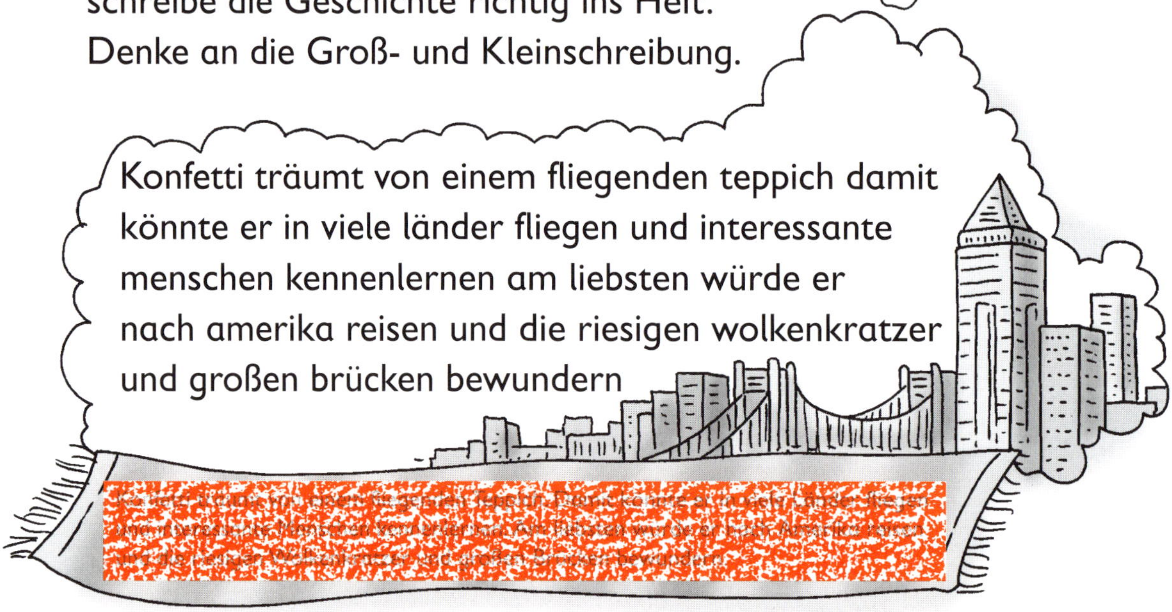

Konfetti träumt von einem fliegenden teppich damit könnte er in viele länder fliegen und interessante menschen kennenlernen am liebsten würde er nach amerika reisen und die riesigen wolkenkratzer und großen brücken bewundern

[redacted]

b) Unterstreiche alle Nomen in deinem Text und schreibe sie hier nach dem Alphabet geordnet auf.

____

____

[redacted]

☐ Nein, ich mache weiter.

☐ Ja, ich blättere noch einmal zu Level 1.

☐ Ja, ich versuche es später noch einmal.

2 Bilde immer die Mehrzahl. Schreibe sie ins Heft.

Kuh, Maus, Gabel, Eimer, Tasse,
Korb, Stift, Buch, Heft, Geige, Stuhl

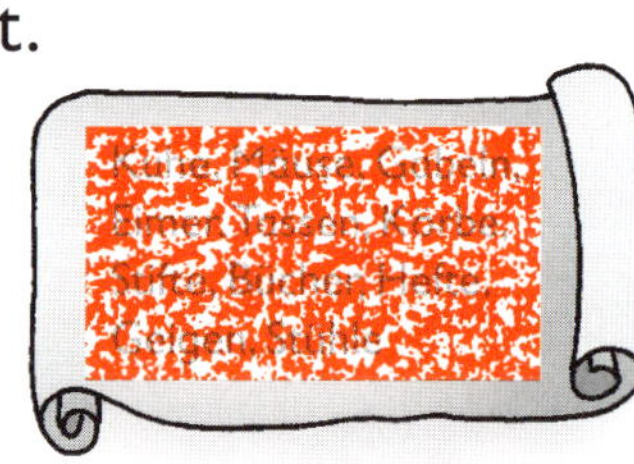

[redacted]

3 Diese Maschine macht aus Wörtern Nomen. Schreibe die Nomen mit passender Endung und bestimmtem Artikel ins Heft.

4 Schreibe zu jedem Nomen aus Aufgabe 3 einen passenden Satz ins Heft.

5 Trage die Fremdwörter ein. *Tipp*: Die Wörter findest du rückwärtsgeschrieben im Kasten. Die Buchstaben über den Zahlen sagen dir, was Karlo gern isst.

Belegter Teigfladen: _ _ _ _ _ (1: 1. Buchstabe)

Elektronischer Rechner: _ _ _ _ _ _ _ _ (10: 1., 3: 3., 7: 7. Buchstabe)

Hose aus festem Stoff: _ _ _ _ _ (4: 2., 5: 5. Buchstabe)

Haarwaschmittel: _ _ _ _ _ _ _ (9: 1., 11: 2., 13: 5. Buchstabe)

Geländefahrrad: _ _ _ _ _ _ _ _ _ _ _ _ (2: 2., 12: 3., 8: 5., 6: 11. Buchstabe)

Lösungswort: _ _ _ _ _ _ mit _ _ _ _ _ _ _ _
(1 2 3 3 4 5 mit 6 7 8 9 10 11 12 13)

[illegible]

T

Test: Nomen

► Lösungen: Seite 174

1 Bilde zusammengesetzte Nomen.
Schreibe sie in der Mehrzahl auf.

5

Schlüssel	Pferd
Haus	Kanne
Tee	Baum
Apfel	Blume
Schaukel	Tür

____

____

____

2 Unterstreiche alle Nomen in den Sätzen.

5

Heute machen Tina und Ralf einen Ausflug.
Es ist schönes Wetter. Sie fahren mit dem Fahrrad zum See.
Danach gehen sie in die Stadt und essen ein Eis.
Abends schauen sie im Kino einen spannenden Film an.

3 Bilde verwandte Nomen und schreibe sie mit
dem bestimmten Artikel auf.

5

heiter ______________________________

frech ______________________________

untersuchen ______________________________

gemein ______________________________

umleiten ______________________________

Gesamtpunkte:

► Tabelle, Seite 178

Mach mit!

Wörterkette

Für dieses Spiel brauchst du einen Partner.
Bildet eine möglichst lange Kette aus zusammengesetzten Nomen. Das letzte Wort muss immer der Anfang des neuen Worts sein, z. B. *Haustür, Türschloss, Schlossgarten* usw.

Lieblingswort-Gedicht

Male fünf Linien auf ein Blatt Papier. Denke dir ein langes Lieblingswort aus. Es muss aus mehreren Silben bestehen. Schreibe dieses Wort auf die erste, dritte und fünfte Linie. Setze die Teile deines Lieblingsworts in anderer Reihenfolge zu Fantasiewörtern zusammen. Schreibe diese Fantasiewörter jeweils in die zweite und vierte Zeile.

Beispiel:
Sonnenblumenblatt
Blattsonnenblumen
Sonnenblumenblatt
Blumenblattsonnen
Sonnenblumenblatt

Knack den Geheimcode

Mit diesem Geheimcode kannst du mit deinen Freunden geheime Botschaften austauschen. Ihr könnt einzelne Wörter, z. B. Namen, oder ganze Sätze verschlüsseln. Ersetzt jeden Buchstaben durch das entsprechende Zeichen.

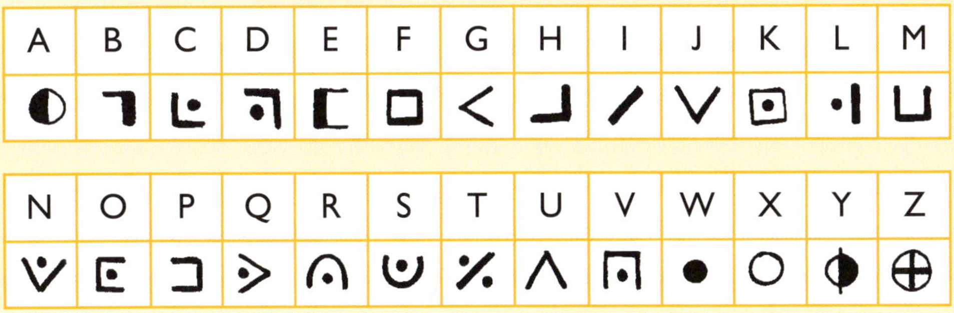

Verben

1 Was tut Karlo gern? Schreibe unter jedes Bild das passende Verb.

_______________ _______________ _______________ _______________

[redacted] [redacted] [redacted] [redacted]

2 Trage die Verben von Aufgabe 1 richtig in den Text ein.

Karlo geht am Wochenende gern _______________. [redacted]

Er _______________ alles, was ihm auf dem Weg gefällt. [redacted]

Wenn er Hunger bekommt, _______________ er [redacted]

eine Scheibe Brot. Am Sonntag trifft Karlo seinen Freund

Jan. Jan ist Maler. Er _______________ ein Bild von Konfetti. [redacted]

3 Umkreise die Verben und schreibe sie ins Heft.

[redacted] [redacted] [redacted]

► Regelbuch: 2

4 Schreibe jeweils die Reimwörter in der Grundform dazu. Unterstreiche die Endungen farbig.

▲ singen	★ gehen	● wählen
♥ kl________	■ st________	◗ z________

5 Schreibe die Verben aus Aufgabe 4 in der passenden Personalform ins Heft. Achte auf die Symbole, z. B. *ich singe*.

ich ▲	du ◗	es ♥
wir ■	ihr ★	sie ●

6 Trage die Verben in der richtigen Personalform ein.

	malen	treffen	können	lesen
ich	*male*			
du				
er, sie				
wir				
ihr				
sie				

[redacted]

? Wo willst du weiterüben? → Level 1 / → Level 2

1 Verben

1 Setze die Verben mit den passenden Vorsilben zusammen und schreibe sie ins Heft. Es gibt oft mehrere Möglichkeiten.

2 Welche Wörter kannst du statt *gehen* noch benutzen? Schreibe so viele wie möglich ins Heft.

[redacted]

3 Trage passende Verben aus der Sammlung von Aufgabe 2 hier ein:

Der Indianer ________________ leise zu seinem Pferd.

Sie ________________ als Erste ins Ziel.

Tim geht mit seinem Hund ____________________.

Tina ________________, so schnell sie kann, zur Bushaltestelle.

Ralf macht eine Bergtour. Er ____________________ drei Stunden.

Herr Koch ____________________ gemütlich durch den Park.

4 Oli war mit seiner Klasse im Landschulheim.
Er schreibt darüber einen Bericht für die Schülerzeitung.
Trage die Verben im Präteritum ein. Regel 5 hilft dir.

Am Montag _trafen_ (treffen) wir uns an der Schule.
Wir ______ (fahren) mit dem Bus zu einer
Berghütte. Wir ______ (schlafen) immer zu viert in
einem Zimmer. In der großen Küche ______ (kochen)
wir selbst. Das ______ (machen) uns viel Spaß!
Jeden Tag ______ (gehen) wir wandern.

[redacted]

5 Auch seinem Freund erzählt Oli vom Landschulheim.
Setze die Verben im Perfekt ein. Regel 6 hilft dir.

Am Montag _haben_ wir uns an der Schule
getroffen. Wir ______ mit dem Bus
zu einer Berghütte ______.
Wir ______ immer zu viert in einem Zimmer
______. In der großen Küche ______
wir selbst ______. Das ______
uns viel Spaß ______! Jeden Tag
______ wir wandern ______.

[redacted]

? Traust du dich jetzt an Level 2?

2 Verben

1 Bilde neue Verben. Schreibe zu jedem Verb einen Satz ins Heft, z. B. *aussehen: Sie sieht müde aus*.

aus- weg- ein- vor-

sehen laufen sagen gehen

2 Lies den Text. Unterstreiche die Verben.

Karlo geht auf die Geburtstagsparty seines Freundes. Zuerst überreicht Karlo das Geschenk. Dann begrüßt er die anderen Gäste und setzt sich an den Tisch. Danach isst er ein großes Stück Geburtstagstorte.

3 Schreibe den Text zweimal ins Heft wie vorgegeben.

a) Karlo schreibt abends in sein Tagebuch. Setze die Verben ins Präteritum:

Heute ging ich …

b) Karlo erzählt einem Freund von der Party. Setze die Verben ins Perfekt:

Heute bin ich … gegangen

☐ Nein, ich mache weiter.

☐ Ja, ich blättere zurück zu Seite 113.

☐ Ja, ich versuche es später noch einmal.

4 Ergänze die Tabelle.

Präsens	Präteritum	Perfekt
ich schlafe		habe geschlafen
du gehst		
er		hat gebissen
wir schießen		
ihr lauft		

[redacted]

5 Ergänze die Sätze mit der richtigen Zeitform.

Perfekt: Ich ________ heute Nacht gut ________________ (schlafen).

Präteritum: Der Spieler _____________ (schießen) ein Tor.

Präsens: Ihr _____________ (laufen) aber schnell!

Präteritum: Der Junge _____________ (fallen) von der Leiter.

Perfekt: Ich ________ den Ball ________________ (werfen).

Präteritum: Die Frau ________________ (vergessen) ihren Schirm.

[redacted]

6 Schreibe 15 Verben aus diesem Kapitel in deine Wörterliste und schau im Regelbuch bei Regel 2 nach.

T

Test: Verben

► Lösungen: Seite 174

1 Schreibe zum Verb *können* die passenden Personalformen auf. | 3

ich ________ du ________ er, sie ________

wir ________ ihr ________ sie ________

2 Finde zu jedem der Verben eine passende Vorsilbe. | 4

____fahren ____schicken

____singen ____suchen

3 Ergänze die Tabelle. | 5

Präsens	Präteritum	Perfekt
ich schieße		
sie		hat gesungen
er schreibt		
wir		haben vergessen
ihr		habt gegessen

4 Ergänze die Verben in der richtigen Zeitform. | 3

Präteritum: Ich ________ (schlafen) gut.

Perfekt: Du ____ in die Schule ________ (gehen).

Präteritum: Wir ________ (rufen) laut um Hilfe.

Gesamtpunkte:

► Tabelle, Seite 178

Mach mit!

► Sätze würfeln

Würfle mit zwei Würfeln. Bilde passende Sätze,
z. B. bei ⚀ und ⚃: ich laufe.

Würfel 1		Würfel 2	
⚀	ich	⚀	fahren
⚁	du	⚁	singen
⚂	er, sie, es	⚂	können
⚃	wir	⚃	laufen
⚄	ihr	⚄	sein
⚅	sie	⚅	tanzen

► Schreibe ein möglichst langes Treppengedicht.

Beispiel:
Ich
Ich gehe
Ich gehe oft
Ich gehe oft in den Ferien
Ich gehe oft in den Ferien zum Schwimmen
Ich gehe oft in den Ferien zum Schwimmen ins Freibad.

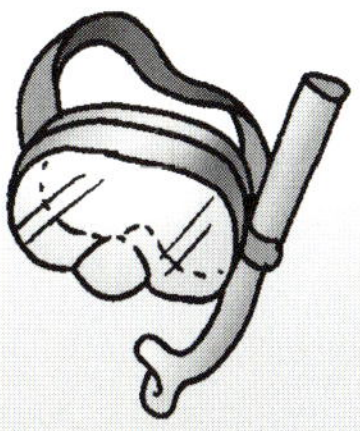

► Redensarten raten

Spielt zu zweit oder zu dritt: Schreibt folgende Redensarten auf Zettel. Jeder Spieler zieht einen Zettel und malt ein Bild, das zur Redensart passt. Erraten die Mitspieler die Redensart?

Seinen Senf dazugeben
Kein Blatt vor den Mund nehmen
Mit einem blauen Auge davonkommen
Aus einer Mücke einen Elefanten machen

Adjektive

1 In den Bilderrätseln sind Adjektive versteckt. Schreibe sie ins Heft und bilde zu jedem Adjektiv einen lustigen Satz.

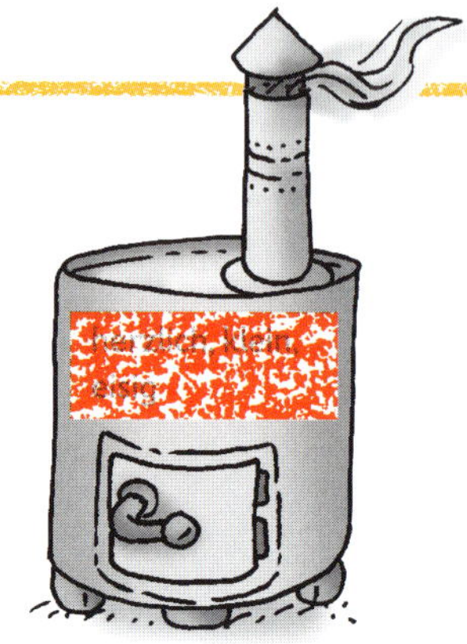

warm,

2 Beschreibe dieses Fahrrad so genau wie möglich. Wähle passende Farbwörter aus und benutze treffende Adjektive. Schreibe ins Heft. Die Wörter auf der Mauer helfen dir.

[redacted]

3 Dein Fahrrad wurde in der Schule gestohlen. Du willst einen Aushang am Schwarzen Brett machen. Versuche dein eigenes Fahrrad so genau wie möglich zu beschreiben. Du kannst dein Fahrrad auch noch malen.

▸ Regelbuch: 7

4 a) Hänge -ig oder -lich an.
Bilde so aus den Nomen Adjektive.

[redacted]

Gier · Mensch · Hügel · Hunger · Eile · Herz · Fest · Freund

b) Bilde einen Satz mit möglichst vielen dieser Adjektive.

---

5 Ergänze die Tabelle.

Grundstufe	1. Vergleichsstufe	2. Vergleichsstufe
kurz		
	länger	
		am kleinsten
	dicker	

[redacted]

6 Schau deine Schulsachen genau an und versuche mit den Adjektiven aus Aufgabe 5 möglichst viele Sätze zu bilden, z. B. *Mein Füller ist dicker als mein Bleistift.*

? Wo willst du weiterüben? → Level 1 / Level 2

Adjektive

1 Im Text wurden die Adjektive vertauscht.
Kannst du die Sätze richtig ins Heft schreiben?

[redacted]

Karlo war heute im Zoo. Zuerst schaute er sich die grauen Tiger an. Dann ging er zu den niedlichen Elefanten. Die bunten Affen beobachtete er beim Klettern. Im Vogelkäfig gefielen ihm besonders die flinken Papageien. Zum Schluss stand er bei den gefährlichen Hasen.

2 Setze die Adjektive zusammen. Schreibe einen Satz ins Heft, in dem alle drei Adjektive vorkommen.

[redacted]

3 Ersetze die roten Ausdrücke durch Adjektive.

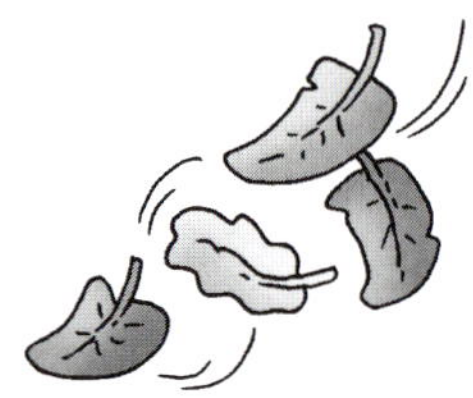

Er lief voller Angst durch den Wald.

Er lief ängstlich durch den Wald.

Jonas schleckte das Eis mit Genuss. [redacted]

Sie erledigte alles mit großem Fleiß. [redacted]

4 Beschreibe die Monster so genau wie möglich.
Wähle passende Farbwörter und benutze treffende Adjektive.

[redacted]

[redacted]

5 Verbinde passende Wörter und bilde daraus zusammengesetzte Adjektive. Schreibe sie ins Heft.

HART	KALT
ZITRONE	FEUER
ROT	STERN
KLAR	GELB
EIS	STEIN

[redacted]

6 Setze die Adjektive aus Aufgabe 5 in die Sätze ein.

Als die Sonne unterging, leuchtete der Himmel ____________.

Nachts war der Himmel ____________ und es war

____________. Wir schliefen auf einer ____________

Luftmatratze auf dem ____________ Boden.

[redacted]

? Traust du dich jetzt an Level 2 ?

2 Adjektive

1 Welche Endung passt zu welcher Wortart? Verbinde.
Überlege dir zu jeder Wortart ein Beispiel.

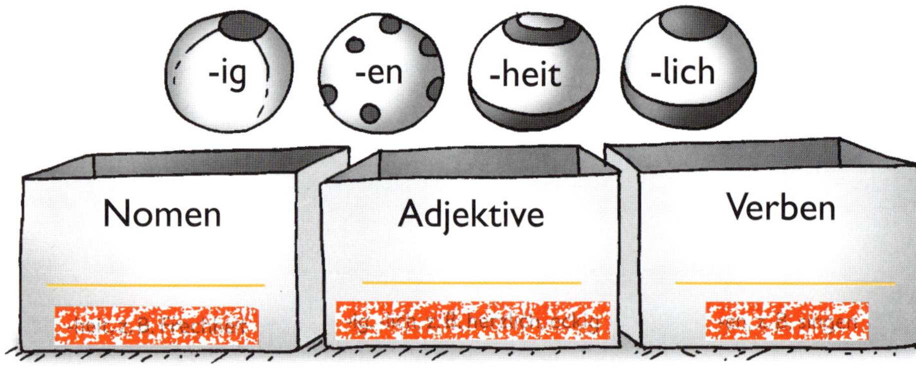

2 a) Umkreise die Adjektive.
Unterstreiche die Adjektive mit der Endung -ig/-lich rot.

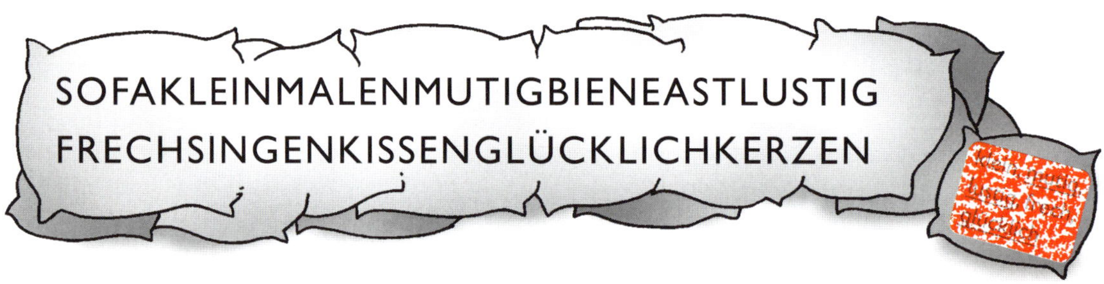

b) Schreibe zu jedem Adjektiv die 1. und 2. Vergleichsstufe ins Heft, z. B. klein – kleiner – am kleinsten.

c) Bilde zu jedem Adjektiv sinnvolle Sätze und schreibe sie ins Heft, z. B. Ich bin mutiger als mein Bruder.

- ☐ Nein, ich mache weiter.
- ☐ Ja, ich lese nochmals Regel 7 durch.
- ☐ Ja, ich versuche es später noch einmal.

3 Setze in jeden Satz zwei passende Adjektive ein.
Schreibe weitere Sätze ins Heft.

Der Hase hat ein kuscheliges, weiches Fell.

Die Giraffe hat einen ______________ Hals.

Der Elefant hat einen ______________ Rüssel.

Der Papagei hat ______________ Federn.

4 Schreibe Vergleichssätze ins Heft. Karlo hilft dir.

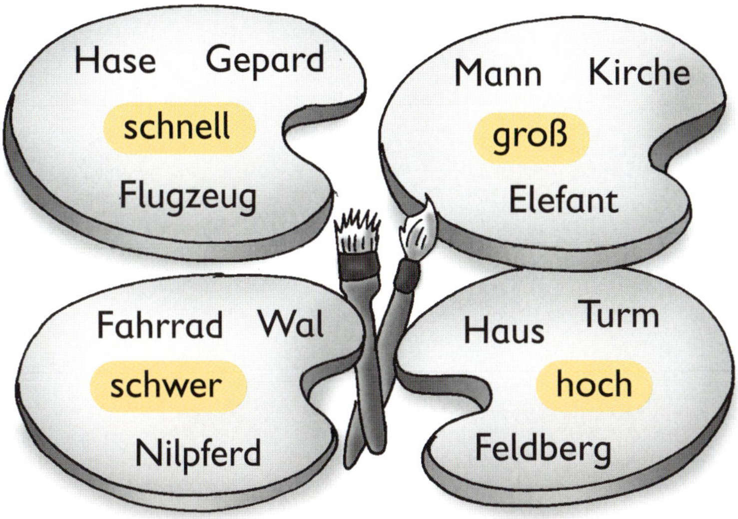

[redacted]

5 Vergleiche dich mit deinen Familienmitgliedern. Benutze *wie* und *als* richtig:
Mein Bruder ist größer als ich.
Mein Freund ist genauso groß wie ich.

6 Schreibe 15 Adjektive in deine Wörterliste und schau im Regelbuch bei Regel 7 nach.

T Test: Adjektive

▸ Lösungen: Seite 175

1 Bilde zu jedem Nomen ein passendes Adjektiv. | 4

Tag ______ Mut ______

Gefahr ______ Sonne ______

2 Ergänze die Tabelle. | 4

Grundstufe	1. Vergleichsstufe	2. Vergleichsstufe
hoch		
	schwerer	
lang		
	besser	

3 Bilde zusammengesetzte Adjektive. | 3

BLITZ SCHARF
MESSER GELB
ZITRONE SCHNELL

______

______

______

4 Unterstreiche alle Adjektive im Text. | 4

HEUTE MACHTEN WIR EINEN SCHÖNEN AUSFLUG MIT UNSEREN NEUEN FAHRRÄDERN. AUF EINER KLEINEN WIESE MACHTEN WIR EINE LANGE PAUSE. ES GAB LECKERE DINGE ZU ESSEN: EINEN ROTEN APFEL, SAFTIGE TRAUBEN UND EIN RIESIGES STÜCK KUCHEN.

Gesamtpunkte:

▸ Tabelle, Seite 178

Mach mit!

► Schreibe deinen Namen von oben nach unten auf.
Erfinde zu jedem Buchstaben deines Namens einen Satz,
der zu dir passt. Benutze dabei möglichst viele Adjektive.

Beispiel:
Lustig finde ich die süßen Affen im Zoo.
Elefanten mag ich gern, weil sie so groß und stark sind.
Nie würde ich eine haarige, eklige Spinne anfassen.
Ananas esse ich gern in unserem schönen, großen Garten.

► Bilde lustige Reime, in denen viele Adjektive vorkommen.

Beispiel:
In einem kleinen, roten, schiefen Haus
wohnte eine süße, graue, kleine Maus …

► Male alle Felder aus, in denen Adjektive stehen.
Was siehst du dann?

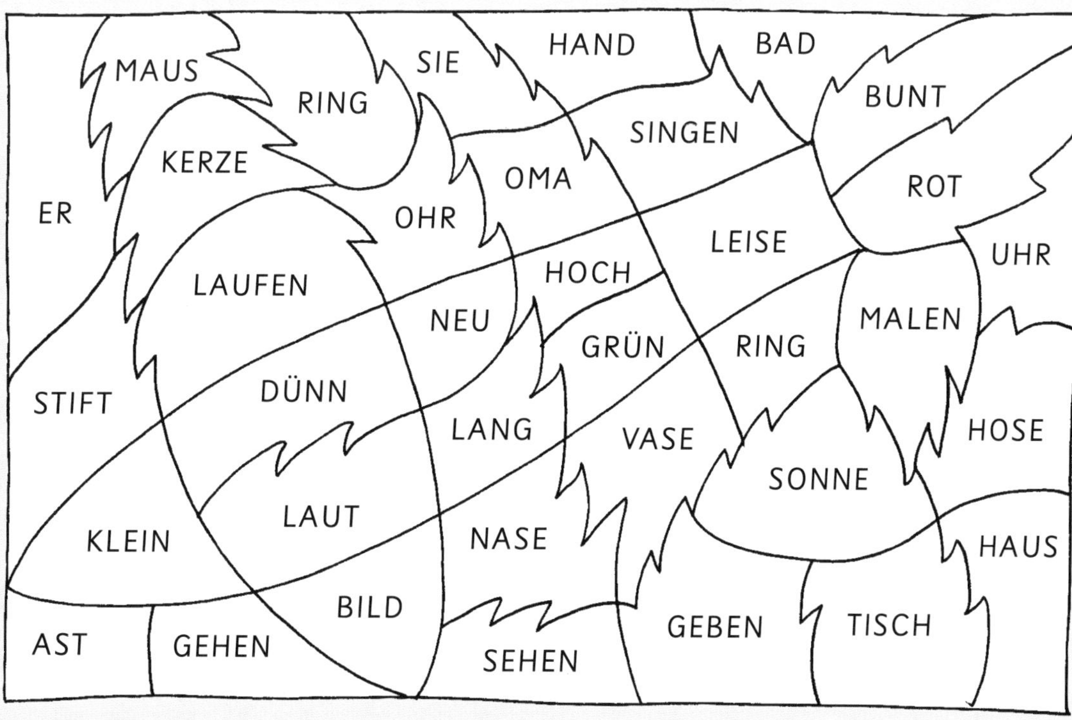

Lösung: Pinsel

S

Lange Vokale

❶ Lies die Wörter laut. Hörst du einen kurzen oder einen langen Vokal? Male einen Punkt (.) oder einen Strich (_) darunter.

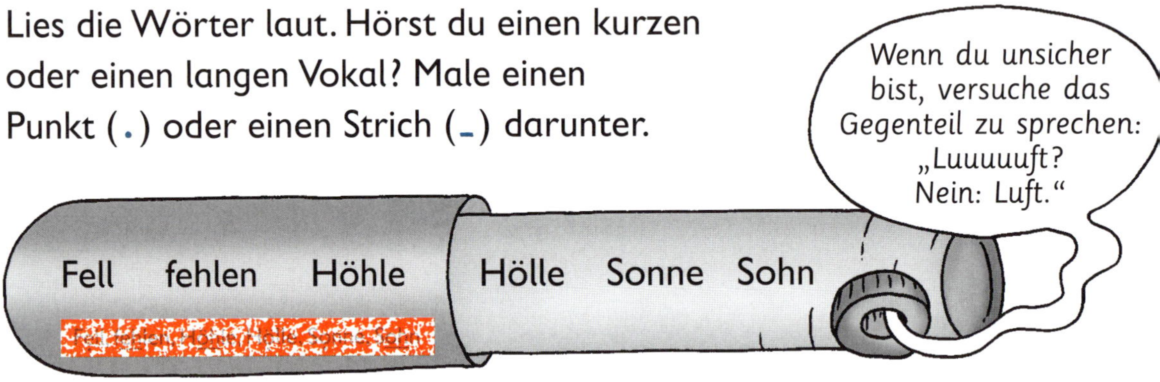

❷ Ergänze den Satz richtig.

Der Buchstabe ____ verlängert den Vokal.

❸ Was machen diese Kinder gern? Ergänze die Lücken.

❹ Was machst du gern? Schreibe eigene Sätze. Du kannst die Lückenwörter aus Aufgabe 3 dabei verwenden.

▸ Regelbuch: 5 8 9

5 Schreibe zu jedem Bild das passende Wort mit Artikel auf.

[redacted]

____

____

6 Setze die Wörter richtig ein.

Ein sehr großer Mensch: _ _ _ _ _ [redacted]

Darauf schreibt man: _ _ _ _ _ _ [redacted]

Schuhe für den Winter: _ _ _ _ _ _ _ [redacted]

Es gibt … Jahreszeiten: _ _ _ _ [redacted]

Jemand, der etwas stiehlt: _ _ _ _ [redacted]

Gegenteil von immer: _ _ _ [redacted]

7 Setze die Verben ins Präteritum.
Benutze dabei die Personalform *ich*.

bleiben	____________	halten	____________
schlafen	____________	schreiben	____________
rufen	____________	laufen	____________

[redacted]

? Wo willst du weiterüben? → Level 1 → Level 2

Lange Vokale

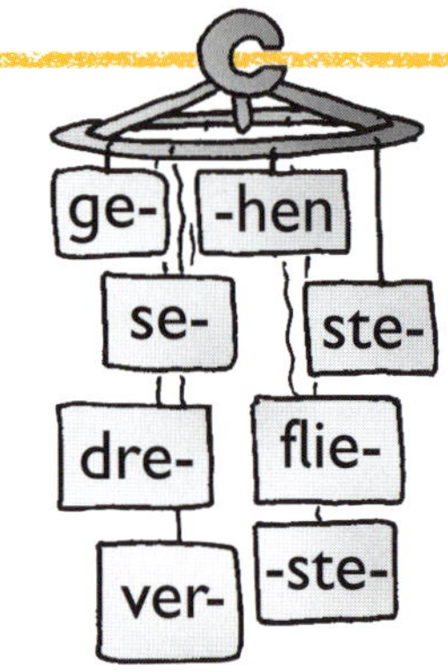

1 Setze sechs Verben zusammen und schreibe sie auf. Du kannst Wortteile mehrmals verwenden.

____

____

____

[illegible]

2 Setze die Wörter aus Aufgabe 1 richtig in den Text ein.

Lena ____________ zu Fuß zur Schule.

Timo ____________ ein Reh am Waldrand.

Die Tasse ____________ auf dem Regal.

Der Tänzer ____________ sich schnell.

Ich ____________ deine Antwort nicht.

Die Gazelle ____________ vor dem Tiger.

[illegible]

3 Schreibe möglichst viele Wörter zur Wortfamilie jedes Verbs auf. Denke auch an Adjektive und Präteritum-Formen.

wohnen ______________________________

fahren ______________________________

belohnen ______________________________

[illegible]

4 a) Schreibe Reimwörter auf. Umkreise das ie.

Fliege	Biene	Dieb	Tier
Z____	Sch____	S____	B____

b) Bilde zu jedem Wort ein zusammengesetztes Nomen, z. B. *Fliegenpilz*. Schreibe die Wörter mit Artikel ins Heft.

[redacted]

5 Nimm eine Tageszeitung und versuche 20 Wörter mit ie zu finden. Schreibe sie ins Heft. Du kannst die Wörter auch ausschneiden und ins Heft kleben.

6 Setze die Verben ins Präteritum. Schreibe den ganzen Text in dein Heft: *Lena fuhr …*

Lena **fährt** mit ihrem Fahrrad in die Stadt. Sie **biegt** zu schnell nach rechts **ab** und **fällt** vom Fahrrad. Ein Autofahrer **hält an**. Er **steigt aus** und **ruft** ihr **zu**: „Alles in Ordnung?“ Lena **nickt**. Sie **steigt** wieder **auf** und **fährt weiter**.

[redacted]

? Traust du dich jetzt an Level 2?

Lange Vokale

1 a) Trage die Wörter richtig in die Tabelle ein.
Wandle die Verben in die Grundform um.

flieht, Sieb, zierlich, liegt, lieb, Ziel
Stuhl, blüht, Truhe, steht, kühl, kahl

Nomen	Verben	Adjektive

b) Bilde einen langen Satz mit möglichst vielen dieser Wörter.

2 Ergänze die Nomen und Adjektive.

S	A	H	N	E
S	Ö	H	N	E
L				
B	Ü			
	O			

L	E	H	M
	A		
R			
K			L
	O		

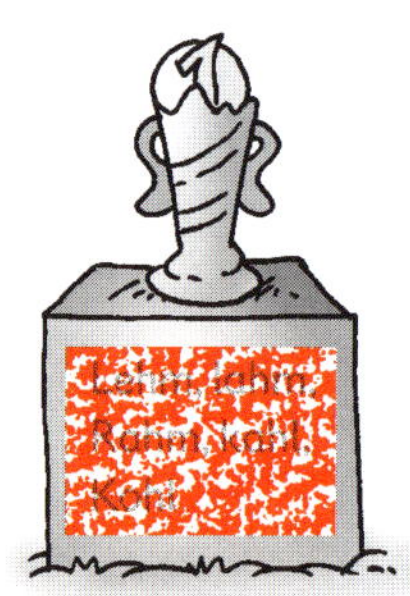

☐ Nein, ich mache weiter.

☐ Ja, ich blättere noch einmal zu Level 1.

☐ Ja, ich versuche es später nochmals.

3 Schreibe die Verben in allen Personalformen ins Heft, z. B. *ich gehe, du gehst …*

ich du er/sie wir ihr sie

lieben sehen wohnen

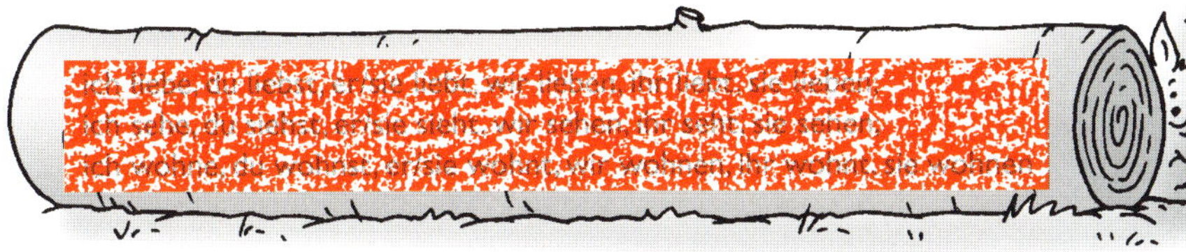

[redacted]

4 Schreibe zu jedem Nomen ein passendes Verb auf. Umkreise das ie.

[redacted]

Notiz, Telefon, Kasse, Nummer, Probe, Training

Notiz – notieren,

5 Schreibe zu jedem Verb aus Aufgabe 4 einen passenden Satz ins Heft, z. B. *Ich notiere mir die Telefonnummer.*

[redacted]

6 Schreibe 10 Wörter mit Dehnungs-h und 10 Wörter mit ie in deine Wörterliste. Schau im Regelbuch bei Regel 8 und 9 nach. Dort erfährst du, wie du die Wörter üben kannst.

T

Test: Lange Vokale

► Lösungen: Seite 175

1 Ergänze das ie und schreibe jeweils ein Verb aus der Wortfamilie daneben. Achtung: Ein Wort hat ein kurzes i! | 4

S___b ______________ Fl___ge ______________

L___ge ______________ W___ppe ______________

2 Setze die Verben in die Sätze ein. Achte auf die richtige Personalform. | 3

gehen verstehen sehen

Ich ______________ dich nicht. Sprich lauter!

Thomas ______________ gern ins Kino.

Lena ______________ nachts eine Sternschnuppe.

3 Setze die Verben ins Präteritum. Benutze dabei die Personalform *er*. | 4

schlafen ______________ halten ______________

rufen ______________ fliehen ______________

4 Schreibe zu jedem Nomen ein passendes Verb auf. Umkreise das ie. | 4

Training ______________ Interesse ______________

Probe ______________ Studium ______________

Gesamtpunkte:

► *Tabelle, Seite 178*

Mach mit!

▶ Erfinde einen ie-Rap.
Bilde Unsinnssätze mit möglichst vielen ie-Wörtern, z. B.

Sie liegen auf der Wiese und gießen viele Riesen.

Sprich die Sätze in einem Rap-Rhythmus. Du kannst die Sätze auch im Stehen sprechen und dich dazu bewegen.

▶ Konfetti will zu seinem Knochen. Wie kommt er dorthin?
Folge dem Weg, auf dem nur ie-Wörter stehen.

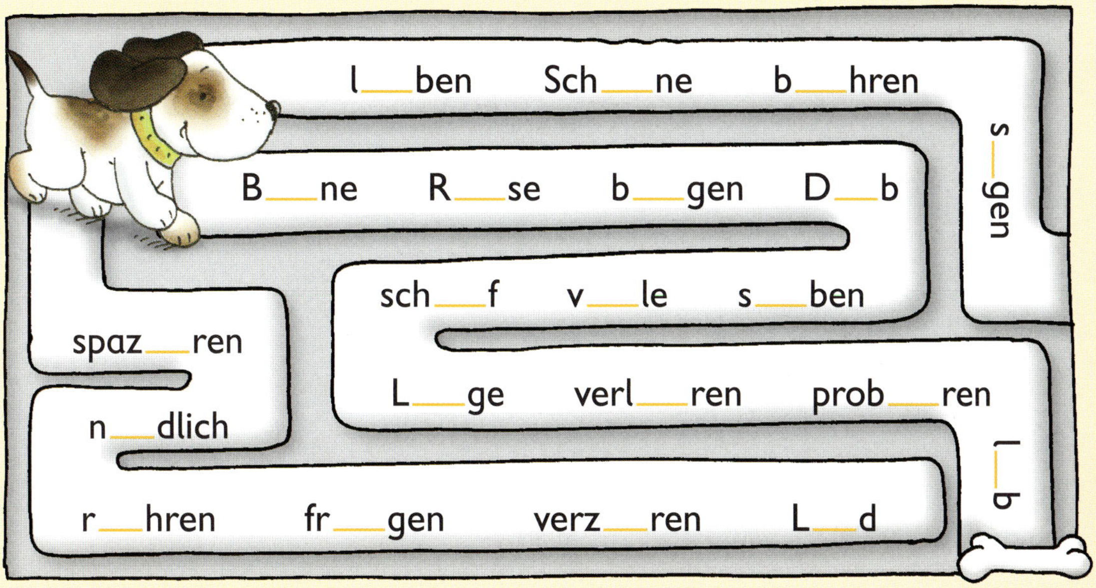

▶ **Rätsel**
Stellt euch gegenseitig Wörterrätsel.

*Mein Wort wird mit Dehnungs-h geschrieben.
Es ist ein anderes Wort für laufen.*

▶ Nimm verschiedene Zeitungen und Prospekte.
Schneide Wörter mit ie und Dehnungs-h aus.
Bilde damit lustige Sätze.

Kurze Vokale

1 Setze die Wörter zusammen und schreibe sie auf.
Markiere den Vokal vor ck/tz: kurz (.) oder lang (_)?

B_________ Sch_________ W_________ E_________

2 Ergänze die Regel.

Der Vokal vor ck oder tz ist immer _________.

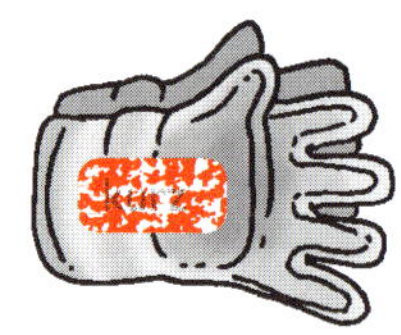

3 Umkreise die Wörter und schreibe sie in der Mehrzahl und mit Artikel auf.

____

____

____

____

4 Suche in deinem Lieblingsbuch möglichst viele ck- und tz-Wörter heraus und schreibe sie ins Heft. Findest du 15?

5 a) Setze die Silben zusammen. Schreibe die Wörter auf.

[redacted]

b) Markiere die Vokale vor dem doppelten Konsonanten. Was fällt dir auf?

[redacted]

6 Schreibe die Personalformen zu den Verben auf.

	bitten	müssen	lassen
ich			
du			
er, sie			
wir			
ihr			
sie			

[redacted]

? Wo willst du weiterüben? → Level 1 → Level 2

Kurze Vokale

1 Schau genau. Welche Puzzleteile gehören zusammen? Ergänze die Reimwörter.

blicken — st______

pflücken — Schn______

Decke — Br______

Lücke — b______

[redacted]

2 Schreibe die Wörter aus Aufgabe 1 getrennt auf.

bli-cken, ______________________

____

[redacted]

3 Findest du verwandte Wörter? Suche auch zusammengesetzte Nomen, z. B. Backofen.

backen: ______________________

erschrecken: ______________________

der Schmutz: ______________________

der Schatz: ______________________

[redacted]

4 Setze die Wortteile zu Wörtern zusammen und schreibe sie auf.

____

____

5 Ergänze den Text mit Wörtern aus Aufgabe 4.

Die Klasse 4a macht einen Ausflug in den Wald. Es ist warm und ____________. Die Kinder ____________ so ____________ wie möglich zu den Wildschweinen und ____________ sie. Manche Kinder ____________ auf einen Baum. Dann ____________ sich alle Kinder auf dem Spielplatz.

6 Bilde zusammengesetzte Nomen.

fallen +  = ____________

passen +  = ____________

rennen +  = ____________

treffen +  = ____________

? Traust du dich jetzt an Level 2?

2 Kurze Vokale

1 Ergänze die fehlenden Buchstaben. Lies den Text laut.

Karlo ist gespa___t auf seine Wanderung. Er hat Glü___:
Die So___e scheint. Schme___erlinge fla___ern vorbei.
Eine Spi___e kra___elt auf dem Weg, die Bienen
su___en. Plö___lich be___t Konfe___i, weil ein Hase
über das Gras ho___elt. Dabei erschre___t er ein
Eichhörnchen. Es kle___ert blitzschne___ auf den Baum.

2 Trenne die Wörter im Kopf und zähle die Silben.
Schreibe sie getrennt neben den richtigen Rucksack.

Picknickdecke, Wecker, Fackel, Schneckenhaus

 2 ___

 3 ___

 4 ___

☐ Nein, ich mache weiter.

☐ Ja, ich blättere zu S. 136, Aufgabe 2.

☐ Ja, ich versuche es später noch einmal.

3 Bilde lange Wörter, in denen möglichst viele Wörter mit kurzen Vokalen vorkommen. Schreibe die Wörter ins Heft, z. B. Rucksackverschluss, Katzenfutterpackung.

4 Suche verwandte Wörter zu den Wörtern auf dem Tuch. Setze sie richtig ein.

Die Pilze im Garten sind ______________.

Plötzlich machte es einen lauten ______________.

Das ______________ schmeckte lecker.

Die Wäsche ist fast ______________.

Der ______________ klingelt sehr laut.

5 Kannst du die Schlangensätze lesen? Die Verben sind vertauscht. Schreibe jeweils das passende Verb dahinter.

DieKatzehoppeltgerndenMilchtopfaus. ______________

DerriesigebrauneBärkrabbeltlaut. ______________

DieBienebrummtganzleiseaufderBlüte. ______________

DerflinkeHaseflattertüberdieWiese. ______________

DieSpinnesummtüberdenBoden. ______________

DerkleineVogelschlecktschnellvorbei. ______________

6 Schreibe fünf Wörter mit ck, fünf Wörter mit tz und fünf Wörter mit doppeltem Konsonanten in deine Liste. Schau im Regelbuch bei Regel 10, 11 und 12 nach.

T

Test: Kurze Vokale

► Lösungen: Seite 175

1 Schreibe die passenden Reimwörter dazu. [| 4]

Pfütze – M ____________ Stück – Gl ____________

schnell – F ____________ retten – w ____________

2 Schreibe die Personalformen zu den Verben auf. [| 6]

	müssen	lassen
ich		
du		
er, sie		
wir		
ihr		
sie		

3 Setze verwandte Wörter ein. [| 2]

Jan hat den Hauptpreis ____________________ (Gewinn).

Er ist sehr ____________________ (Glück).

4 Schreibe die Wörter getrennt auf: [| 3]

Brücke Wäschetrockner Dackelfell

____

Gesamtpunkte: [ ]

► Tabelle, Seite 178

Mach mit!

► Kannst du das Bilderrätsel lösen?
Unter den Bildern steht, welche Buchstaben entfallen.

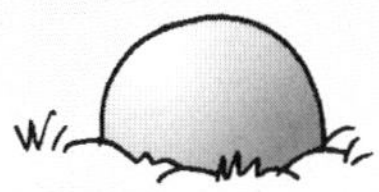

~~I~~ ~~N~~

~~B~~ ~~R~~ ~~Ü~~

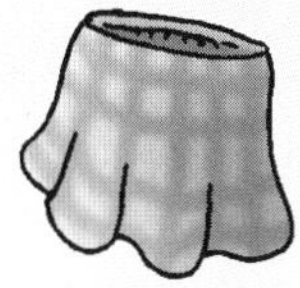

~~O~~ ~~C~~ ~~K~~

~~A~~ ~~T~~ ~~T~~

~~G~~ ~~E~~ ~~L~~

~~K~~ ~~A~~ ~~E~~

Lösung: STECKER, BLITZ

Hast du Lust, selbst ein Bilderrätsel zu erfinden?

► Lies das Gedicht unten laut. Schreibe ein Gedicht mit dem gleichen Aufbau. Suche dir dazu vier Wörter mit kurzen Vokalen aus.

Beispiel:
Wiese
Wiese und Blumen
Blumen
Blumen und Vögel
Wiese und Blumen und Vögel
Frühling

► Suche dir Wörter mit kurzen Vokalen aus und verschlüssle sie mit einem Geheimcode: Gib die Stellung der Buchstaben im Alphabet an, also A = 1, B = 2, C = 3 …

Das Wort *Affe* wäre nach diesem Code 1665
Können deine Freunde die Wörter entschlüsseln?

Wörter mit ss/ß

1 a) Lies die Zungenbrecher so schnell wie möglich.
Wie oft kannst du sie ohne Fehler hintereinander aufsagen?

Freche Fliegen fressen fleißig frische Feigen.
Lahme Lamas lassen Luftmatratzen lieber liegen.

b) Markiere den Vokal vor dem ss. Ist er kurz oder lang?

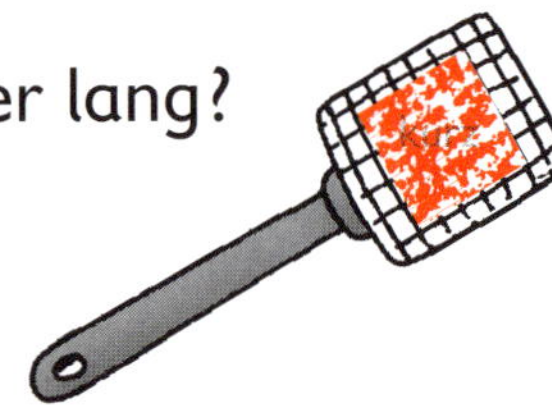

2 Ergänze die passenden Reimwörter.

Du schenkst mir eine Nuss,
dafür bekommst du einen ______________. [redacted]

Die Maus springt aus dem Fass,
der Boden wird ganz ______________. [redacted]

Teile das Fleisch mit dem Messer!
Glaub mir, denn so geht es ______________. [redacted]

3 Schreibe die Nomen in der Mehrzahl auf.

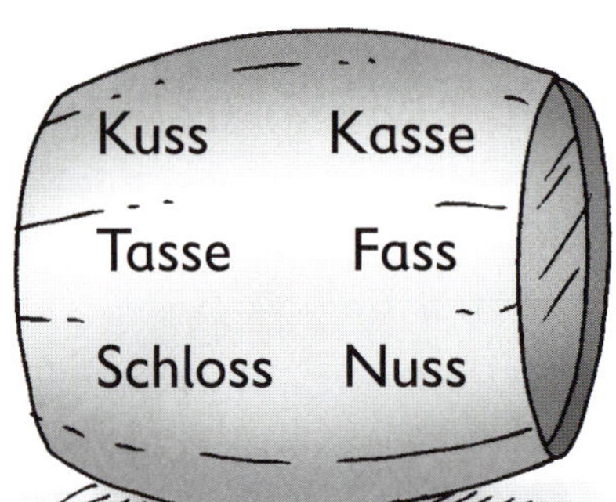

____

____

____

[redacted]

4 Umkreise die Wörter mit ß auf dem Steg und schreibe sie mit Artikel auf.

NaseFloßKäseSpaßFuß
HoseStoßBesenMaßFraß

____

____

5 Lies die ß-Wörter laut und ergänze die Regel.

Vor ß steht ein __________ Vokal oder oft auch ei, eu, ie, au oder äu.

6 Kannst du die Wörter ergänzen?

Nicht faul, sondern … _ _ _ _ _ _ _

Blumen muss man _ _ _ _ _ _

Nicht innen, sondern … _ _ _ _ _

Autos fahren darauf: _ _ _ _ _ _

Gegenteil von klein: _ _ _ _

Blumen in einer Vase sind ein _ _ _ _ _ _

? Wo willst du weiterüben? → Level 1 / Level 2

Wörter mit ss/ß

1 Setze die Wortteile zusammen.
Schreibe die Wörter in die richtige Spalte.
Du kannst Teile mehrfach verwenden.

Nomen	Verben
Wasser	

[redacted]

2 Bilde zusammengesetzte Wörter zum Wort *Schloss*.
Schreibe sie mit Artikel auf.

das Schlossfenster, ______________________

____

____

[redacted]

3 Setze die Verben ins Präteritum.

Oli ______________ (vergessen) sein Heft zu Hause.

Lea ______________ (essen) abends Pizza.

Mein Oma ______________ (sitzen) gestern im Liegestuhl.

4 Schreibe verwandte Wörter auf. Die s-Laute werden unterschiedlich geschrieben (kurzer Vokal = ss, langer Vokal = ß).

Schuss schießen, die Schüsse, er schoss

beißen ____________________

Schloss ____________________

reißen ____________________

5 Ergänze die Wörter in der richtigen Personalform im Präsens.

Du __________ (müssen) die Tür schließen.

Der Fußballspieler __________ (schießen) ein Tor.

Er __________ (lassen) sich die Haare schneiden.

Tina __________ (vergessen) oft ihr Heft in der Schule.

Maike __________ (essen) gern Pizza.

Ich __________ (wissen) die Antwort leider nicht.

Frau Koch __________ (stoßen) sich den Fuß an.

6 Schreibe eine kurze Geschichte, in der diese Wörter vorkommen: *Wasser, Floß, Spaß*. In der Geschichte sollten möglichst viele ss- und ß-Wörter vorkommen.

? Traust du dich jetzt an Level 2 ?

2 Wörter mit ss/ß

1 Ergänze ss oder ß.

Karlo mu___ heute zum Einkaufen. Er schlie___t die Haustür ab und begrü___t seinen Nachbarn, der flei___ig im Garten arbeitet. Zuerst geht Karlo in die Stadt zum Mittage___en, weil sein Hunger gro___ ist. Er i___t Nudeln mit So___e und einen Nu___kuchen. Au___erdem trinkt er eine Ta___e Kaffee. Als er nach drau___en kommt, gie___t es in Strömen. Das Wa___er flie___t die Stra___e hinab wie ein kleiner Flu___. Karlo hat seinen Schirm verge___en! Er wird na___ und will blo___ noch nach Hause. Dort merkt er, da___ er seinen Schlü___el verloren hat. Er stö___t wütend mit dem Fu___ gegen die Tür, aber das Schlo___ geht natürlich nicht auf. Dieser Tag ist kein Spa___!

2 Suche Adjektive mit ß im Text. Schreibe sie ins Heft und steigere sie, z. B. *heiß – heißer – am heißesten*.

☐ Nein, ich mache weiter.

☐ Ja, ich lese mir Regel 14 und 15 durch.

☐ Ja, ich versuche es später noch einmal.

3 Ergänze die fehlenden Buchstaben. Schreibe jeweils ein passendes Verb aus der Wortfamilie dazu. Schreibe zu jedem Verb einen Satz ins Heft.

der Gru___ __________ der Fra___ __________

der Flu___ __________ das Ma___ __________

4 Ergänze die Tabelle. Achte darauf, ob du ss oder ß schreiben musst (kurzer Vokal = ss, langer Vokal = ß).

Präsens	Präteritum	Perfekt
sie gießt		hat
er beißt		hat
sie	schloss	hat
er		hat vergessen
sie weiß		hat

[redacted]

5 Bilde mit den Verbformen aus Aufgabe 4 Sätze wie im Beispiel. Schreibe sie ins Heft.

Er isst zum Frühstück immer Müsli.
Gestern aß Jan ein Schnitzel zum Mittagessen.
Ich habe heute schon einen Apfel gegessen.

6 Schreibe 10 Wörter mit ss und 10 Wörter mit ß in deine Wörterliste. Schau im Regelheft bei Regel 14 und 15 nach.

T

Test: Wörter mit ss/ß

▶ Lösungen: Seite 176

1 Schreibe jeweils zwei passende Reimwörter auf. [/3]

fressen ______

lassen ______

muss ______

2 Ergänze ss oder ß. [/4]

Schlo___ Scho___ Flu___ Fu___

Ku___ Fra___ Me___er Pa___

3 Ergänze die passende Personalform im Präsens. [/4]

Tom ______ (gießen) jeden Tag die Blumen.

Ihr ______ (essen) zu viele Süßigkeiten.

Eva ______ (vergessen) oft ihr Mäppchen.

Du ______ (schließen) die Tür zu.

4 Ergänze die Tabelle. [/4]

Präsens	Präteritum	Perfekt
Lena		hat gegessen
Jan	goss	
sie		hat beschlossen
er weiß		

Gesamtpunkte: [ ]

▶ Tabelle, Seite 178

Mach mit!

► Pause die Würfelnetze auf ein Blatt Papier durch oder kopiere sie. Klebe die Würfel zusammen.
Würfle immer mit allen drei Würfeln und bilde passende Sätze:
Ich aß gestern ein Eis zum Nachtisch.

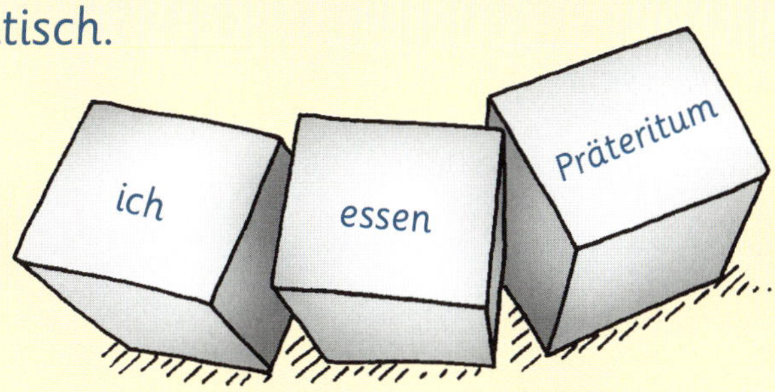

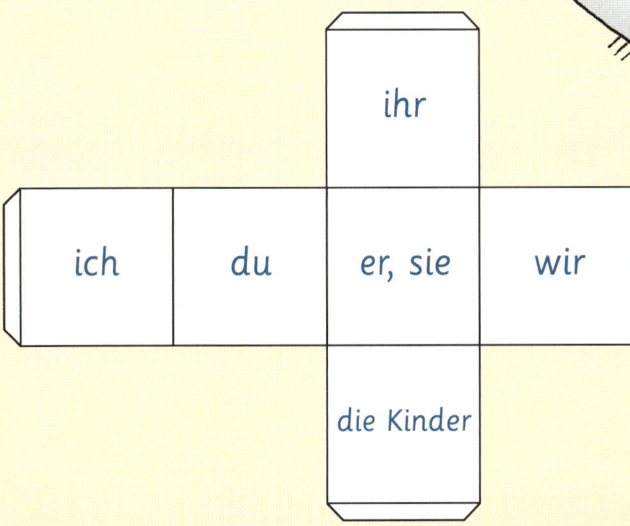

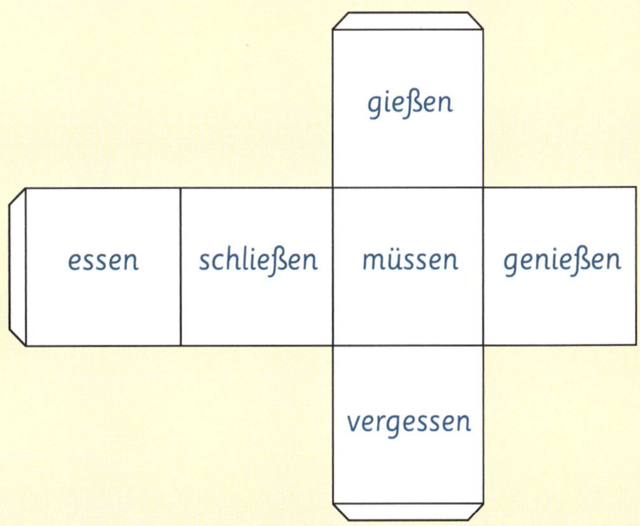

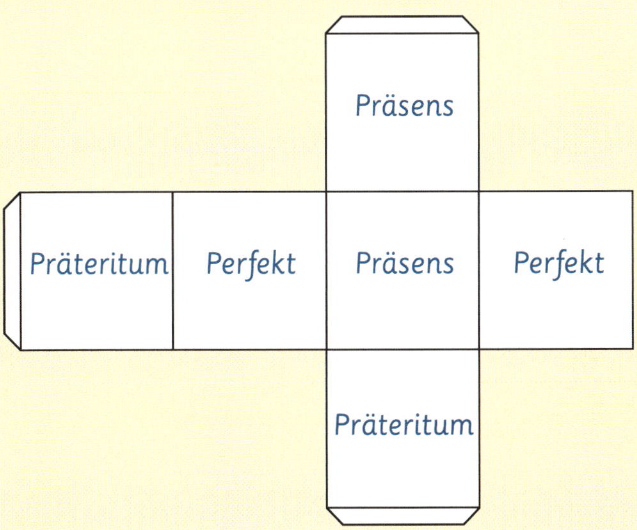

S Wörter mit b/p, d/t, g/k

❶ a) Schreibe die Wörter richtig auf.

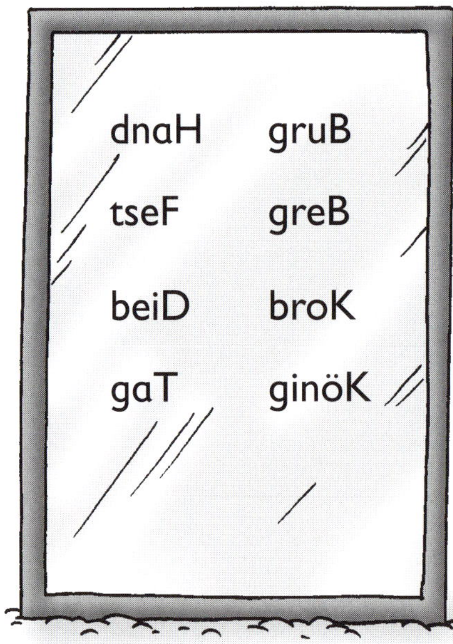

[redacted]

b) Verlängere die Nomen, indem du die Mehrzahl bildest.
Schreibe die Wörter ins Heft.

[redacted]

❷ Verlängere die Adjektive, indem du sie vor ein Nomen setzt.
Ergänze dann den letzten Buchstaben.

blon__ [redacted] | bun__ [redacted] | wil__ [redacted] | lie__ [redacted]

run__ [redacted] | plum__ [redacted] | lau__ [redacted]

der blonde Mann,

▸ Regelbuch: 16

3 Schreibe die Grundform der Verben ins Heft.
Ergänze dann die Buchstaben. Regel 16 hilft dir.

schrei__t	blei__t	mer__t	to__t
lo__t	sprin__t	wie__t	hu__t

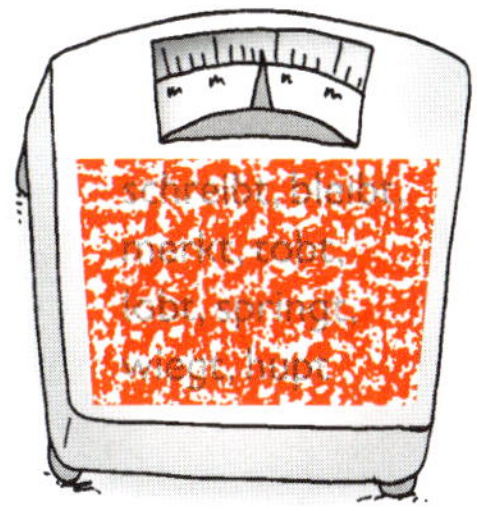
[redacted]

4 Setze die Verben aus Aufgabe 3 in die Sätze ein.

Kai ______________ eine Karte aus dem Urlaub. [redacted]

Der Lehrer ______________ seine Schüler oft. [redacted]

Auf dieser Waage ______________ ich mehr als mein Bruder. [redacted]

Die Kinder ______________ auf dem Spielplatz. [redacted]

Ich ______________ in den Ferien zu Hause. [redacted]

Konfetti ______________ über die Mauer. [redacted]

Kannst du dir die Wörter ______________ ? [redacted]

Der Autofahrer ______________ laut. [redacted]

5 Verlängere die Wörter im Kopf und setze g oder k ein.

[redacted]

? Wo willst du weiterüben? → Level 1 / → Level 2

1 Wörter mit b/p, d/t, g/k

❶ Ergänze passende Reimwörter.

[redacted]

❷ Versuche mit den Wörtern aus Aufgabe 1 lustige Reime zu bilden. Schreibe die Reime ins Heft.

❸ Verlängere die Adjektive, indem du die 1. Vergleichsstufe bildest. Trage dann die fehlenden Buchstaben ein.
Vier Adjektive haben die gleiche Endung. Was fällt dir auf?

fleißi*g* – *fleißiger*

gesun__ – ______

vorsichti__ – ______

steini__ – ______

neugieri__ – ______

kal__ – ______

[redacted]

4 Ergänze. Trage die Wörter und die verlängerten Formen ein.

rau__t, klin__t, schwan__t, kle__t, schie__t

Schil__, Freun__, Wor__, Ran__, Hu__

Nomen	Verben
Schild – Schilder	*raubt – rauben*

Nomen: Freund – Freunde, Wort – Wörter, Rand – Ränder, Hut – Hüte,
Verben: klingt – klingen, schwankt – schwanken, klebt – kleben, schiebt – schieben

5 Ergänze die fehlenden Buchstaben in den Sätzen.

Am Samsta__ gehen Jan und sein Vater auf den Mar__t.
Jans Vater hat viel Gel__ dabei, hunder__ Euro. Weil Jan
fleißi__ in der Schule war und viel geü__t hat, darf er sich
ein Geschen__ aussuchen. Jan blei__t noch in der Stadt und
trifft sich mit seinem Freun__ Paul. Auf dem Heimwe__ hat
sein Fahrra__ einen Platten. Jan schie__t es nach Hause.

? Traust du dich jetzt an Level 2 ?

Wörter mit b/p, d/t, g/k

1 Trage die richtigen Buchstaben im Text ein.

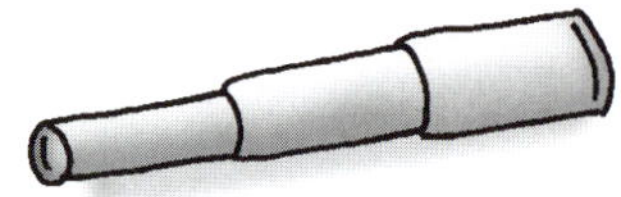

Jan schau___ of___ durch sein Fernrohr. So erkenn___ er
jeden Gegenstan___, der wei___ entfern___ ist. Er sieh___ auch
den Mon___. Jan bemer___t, dass der Mon___ nicht run___ ist,
sondern zerklüfte___, mit Ber___en und Kra___ern.
Das finde___ er sehr spannen___. Er bleibt oft aben___s
länger auf, um die Sterne und Plane___en zu beobach___en.

2 Ergänze die Wörter im Gras. Verlängere zuerst und trage die verlängerten Wörter in die passende Steinreihe ein. Achtung: Bei einem Nomen kannst du keine Mehrzahl bilden!

Ta g   Ber___   star___   Zwer___

(er) pie___t   Kor___   Lo___   (er) blei___t

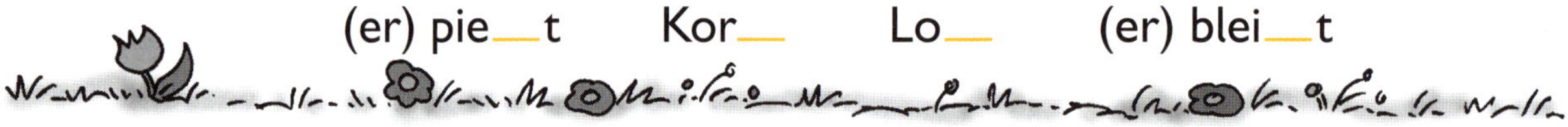

- ☐ Nein, ich mache weiter.
- ☐ Ja, ich blättere noch einmal zu Seite 153.
- ☐ Ja, ich versuche es später wieder.

3 Schreibe die Sätze zuerst in der Mehrzahl auf.
Ergänze dann die fehlenden Buchstaben.

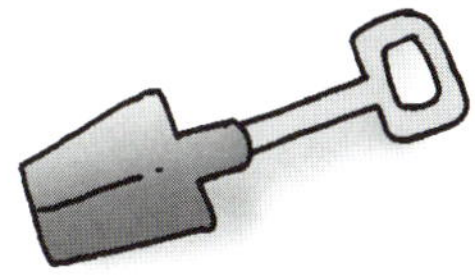

Das Kin_d_ to_b_t. — Die Kinder toben.

Der Zwer__ grä__t. — ____________________

Das Pfer__ sprin__t. — ____________________

Das Flugzeu__ flie__t. — ____________________

Das Schil__ schwan__t. — ____________________

[illegible]

4 Setze die Verben ins Perfekt, dann wird aus den Sätzen ein Gedicht: Heute habe ich in der Schule sehr getobt …

[illegible]

5 Schreibe 15 Wörter mit b/p, d/t, g/k in deine Wörterliste.
Schau im Regelheft bei Regel 16 nach.

Test: Wörter mit b/p, d/t, g/k

► Lösungen: Seite 176

1 Ergänze die Verben und schreibe die passende Grundform dazu. [4]

er grä__t ____________ sie sprin__t ____________

sie bemer__t ____________ er blei__t ____________

2 Vervollständige die Sätze mit den Verben aus Aufgabe 1. [4]

Habt ihr nicht ____________, dass ich geklopft habe?

Der Gärtner ____________ ein großes Loch im Garten.

Du ____________ heute am besten zu Hause.

Lena ____________ von einem großen Felsen ins Wasser.

3 Ergänze und suche zu jedem Adjektiv ein passendes Nomen. [3]

riesi__ – ____________________

kran__ – ____________________

wolki__ – ____________________

4 Ergänze die Buchstaben im Text. [4]

Am Monta__ blei__t Leo zu Hause. Er ist kran__. Leo ist es langweili__. Deshalb holt er einen Stif__ aus seinem Schran__ und schrei__t einen Brief an seinen Freun__.

Gesamtpunkte:

► Tabelle, Seite 178

Mach mit!

► Verbinde die Wörter nach dem Alphabet.
Was siehst du dann?

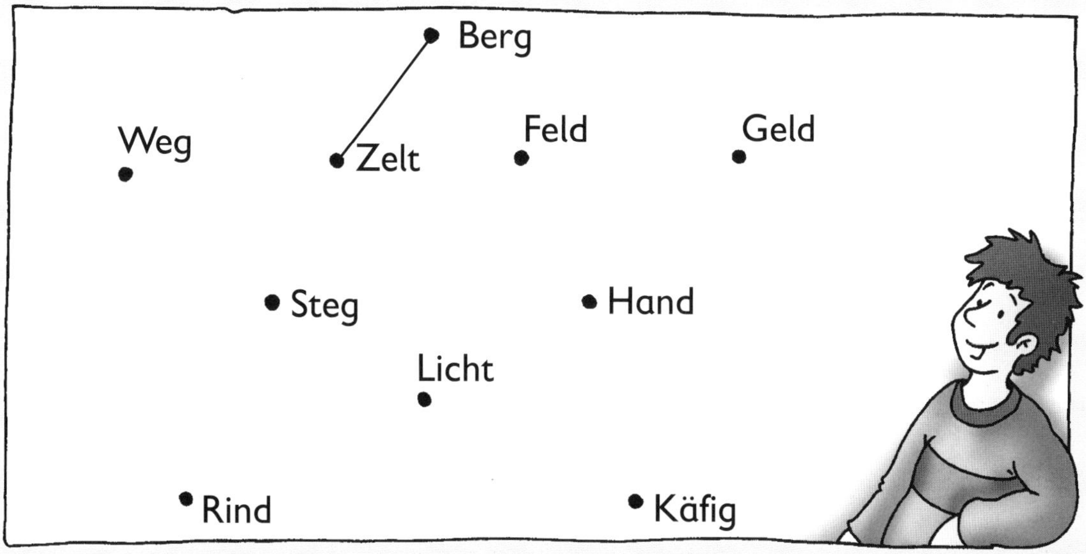

Lösungsbild: Stern

► In welchem Sack ist der Buchstabe d öfter als der Buchstabe t zu sehen? Schätze zuerst und zähle dann.

Lösung: linker Sack

► Welche Wörter findest du hier? Umkreise sie.

Lösung: Kind, krank, hupen, lieb, Hand, toben

Satzglieder

1 a) Umkreise in jedem Satz die Satzglieder. Regel 17, 18 und 19 helfen dir. Unterstreiche das Subjekt in jedem Satz.

Konfetti schnüffelt an einer Blume.

Meine kleine Schwester spielt.

Ich gehe mit meinen Freunden ins Kino.

b) Welcher der Sätze hat die wenigsten Satzglieder?

[redacted]

2 a) Bilde aus den Satzgliedern so viele Aussagesätze wie möglich. Schreibe sie ins Heft. Unterstreiche in jedem Satz das Prädikat.

oft | im Sommer | gehen

mein Bruder und ich | ins Freibad

[redacted]

b) Was fällt dir auf? Ergänze die Regel.

Das Prädikat steht in einem Aussagesatz

immer an ____________ Stelle.

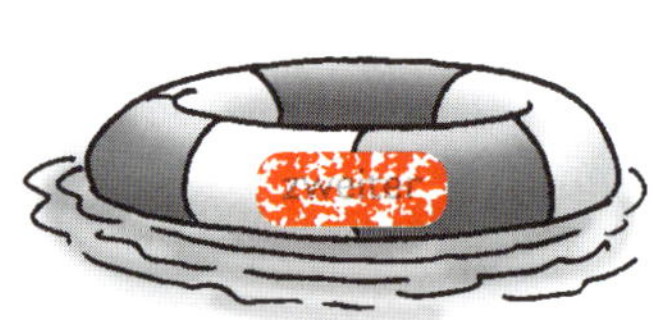

▸ Regelbuch: 17 18 19

3 a) Schreibe ein passendes Verb unter jedes Kind.

[redacted]

Lena | Timo | Nick | Julia

lacht ______ ______ ______

b) Schreibe zu jedem Kind einen Satz mit mehreren Satzgliedern auf. Unterstreiche jeweils das Prädikat, z. B. *Lena lacht über einen Witz.*

4 Karlo hat heute viel zu tun. Wähle jeweils ein passendes Verb und ergänze die Sätze.

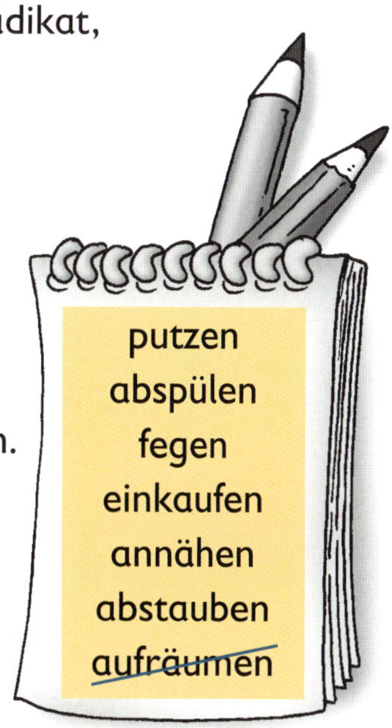

Karlo *räumt* seinen Schreibtisch *auf*.

Dann ______ er den Boden mit einem Besen.

Danach ______ er das Geschirr ____.

Nun ______ Karlo seine Badewanne.

Jetzt ______ er einen Knopf ____.

Dann ______ Karlo Wurst und Käse ____.

Zum Schluss ______ er das Regal ____.

[redacted]

? Wo willst du weiterüben? → Level 1 → Level 2

1 Satzglieder

1 Was macht Karlo auf dem Sportplatz? Bilde vier sinnvolle Aussagesätze mit den Satzgliedern. Unterstreiche jeweils das Subjekt blau und das Prädikat rot.

[illegible]

2 Erfinde selbst fünf Sätze mit möglichst vielen Satzgliedern. Schreibe sie ins Heft. Unterstreiche in jedem Satz das Subjekt blau und das Prädikat rot.

3 a) Unterstreiche die zweiteiligen Prädikate. Schreibe jeweils die Grundform daneben.

Karlo schließt die Haustür zu. – zuschließen

Silvia schaltet das Licht an. – ____________

Marko zündet die Kerzen an. – ____________

Er schneidet die Schnur ab. – ____________

[illegible]

b) Schreibe eigene Sätze mit den Prädikaten aus a) ins Heft.

4 a) Hier sind die Subjekte durcheinandergekommen.
Kannst du die Sätze richtig ins Heft schreiben?

Frau Müller kriecht über die Straße.

Der Hund reinigt den Kamin.

Die Schnecke geht zum Einkaufen.

Der Schornsteinfeger bellt laut.

b) Denke dir lustige Sätze aus, in denen die Prädikate vertauscht sind, z. B. *Meine Oma schnüffelt gern Äpfel.*
Schreibe die Sätze ins Heft und lies sie jemandem vor.

5 Ergänze die Akkusativ-Objekte. Regel 20 hilft dir.

Ich esse jeden Tag ______________. [redacted]

Mark malt ______________. [redacted]

Karlo trinkt ______________. [redacted]

Meine Oma strickt ______________. [redacted]

6 Unterstreiche jeweils das Dativ-Objekt. Regel 21 hilft dir.

Nico leiht seinem Freund Buntstifte aus.

Meine Mutter erzählt mir abends Geschichten.

Er schenkt Michael ein Buch zum Geburtstag.

? Traust du dich jetzt an Level 2 ?

2 Satzglieder

1 Unterstreiche die Satzglieder: Subjekt = blau, Prädikat = rot, Akkusativ-Objekt = grün, Dativ-Objekt = gelb. Zeit- und Ortsangaben (z. B. *gestern*) musst du nicht unterstreichen.

Karlo und Konfetti spielen im Park.

Gestern schenkte ihm Caroline einen Stift.

Oft erzählt Jule ihrer Oma Geschichten.

Ich habe einen leckeren Kuchen gegessen.

Stundenlang hört mir meine Oma zu.

Subjekte: Karlo und Konfetti, Caroline, Jule, Ich, meine Oma
Prädikate: spielen, schenkte, erzählt, habe … gegessen, hört … zu
Akkusativ-Objekte: einen Stift, Geschichten, einen leckeren Kuchen
Dativ-Objekte: ihm, ihrer Oma, mir

2 Stelle diese Sätze so um, dass sie nicht mit *ich* beginnen. Schreibe die Sätze ins Heft. Umkreise die Satzglieder.

Ich gehe am Wochenende ins Kino.

Ich stelle die Kerzen auf den Tisch.

Ich lese abends oft in meinem Lieblingsbuch.

z. B.: Am Wochenende / gehe / ich / ins Kino. – Ins Kino / gehe / ich / am Wochenende.
Die Kerzen / stelle / ich / auf den Tisch. – Auf den Tisch / stelle / ich / die Kerzen.
Abends / lese / ich / oft / in meinem Lieblingsbuch. – Oft / lese / ich / abends / in meinem Lieblingsbuch.

☐ Nein, ich mache weiter.

☐ Ja, ich blättere noch einmal zu Level 1.

☐ Ja, ich versuche es später nochmals.

3 Lies die Schlangensätze. Mache einen Strich zwischen die einzelnen Satzglieder und unterstreiche sie in den gleichen Farben wie in Aufgabe 1.

Heute|schenktemirdasMädcheneinenApfel.

OftleihtihmTimseineTascheaus.

GesternhatmeinBruderOliLimonadegetrunken.

InderStadthatmeineMutterBlumengekauft.

LetzteWochehatLenaNikoeinBuchgeliehen.

Subjekte: das Mädchen, Tim, mein Bruder Oli, meine Mutter, Lena / Prädikate: schenkte, leiht … aus, hat … getrunken, hat … gekauft, hat … geliehen / Akkusativ-Objekte: einen Apfel, seine Tasche, Limonade, Blumen, ein Buch / Dativ-Objekte: mir, ihm, Niko

4 Bilde jeweils zwei Sätze, die aus den angegebenen Satzgliedern bestehen. Schreibe ins Heft.

a) Subjekt + Prädikat
b) Subjekt + zweiteiliges Prädikat
c) Subjekt + Prädikat + Akkusativ-Objekt
d) Subjekt + Prädikat + Dativ-Objekt + Akkusativ-Objekt

5 Mache den Satz immer länger. Wie viele Satzglieder schaffst du? Schreibe den Satz ins Heft.

6 Schreibe ein paar Sätze aus deinem Lieblingsbuch ab. Versuche darin Subjekt, Prädikat und Objekte zu bestimmen.

Test: Satzglieder

► Lösungen: Seite 177

1 a) Kreise die Satzglieder ein. | 3

Ich kaufe heute in der Stadt ein Buch für meine Schwester.

b) Stelle die Satzglieder um. Schreibe vier unterschiedliche Aussagesätze auf. | 4

______

______

______

______

______

______

2 Kennzeichne falsche Sätze mit f und richtige mit r. | 2

- [ ] Nach dem Dativ-Objekt fragst du mit *Wen oder Was?*
- [ ] Nach dem Akkusativ-Objekt fragst du mit *Wen oder Was?*
- [ ] Das Prädikat steht immer an zweiter Stelle.
- [ ] Nach dem Subjekt fragst du mit *Wer oder Was?*

3 Unterstreiche: Subjekt = blau, Prädikat = rot, Akkusativ-Objekt = grün und Dativ-Objekt = gelb. | 6

Gestern schenkte mir meine Mutter ein Buch.
Am Samstag haben die beiden Freunde den Zaun gestrichen.
Abends erzählt sie ihm eine spannende Geschichte.

Gesamtpunkte:
► *Tabelle, Seite 178*

Mach mit!

► **Mini-Geschichte**

Schreibe vier Sätze zu einem Thema auf.
Jeder Satz besteht nur aus Subjekt und Prädikat.
Suche auch noch eine passende Überschrift.
Lies deine Geschichte deinen Freunden vor.

► Schreibe Unsinnssätze auf,
z.B. *Mein Schwein trinkt einen Pullover.*

Mein Schwein	kauft	einen Pullover.
Der Lehrer	singt	ein Bild.
Die Katze	trinkt	eine Birne.
Meine Oma	isst	einen Baum.
Der Jäger	kratzt	eine Kuh.

► **Was-ich-mag-Gedicht**

Schreibe ein *Was-ich-mag*-Gedicht. Ergänze die Sätze mit mindestens drei weiteren Satzgliedern.

Was ich mag

Ich mag es,

wenn ______________________________.

Ich mag es,

wenn ______________________________.

Ich mag es,

wenn ______________________________.

Satzarten / Wörtliche Rede

1 a) Ergänze die passenden Satzzeichen **.** **?** **!** .

Eva

Uli

Tim

Lea

Jan

Hanna

b) Wie heißen die Satzarten, die diese Kinder verwenden?
Regel 22 hilft dir. Ergänze jeweils den passenden Begriff.

Eva ______________________ Uli ______________________

Tim ______________________ Lea ______________________

Eva: Fragesatz, Uli: Aufforderungssatz, Tim: Aussagesatz, Lea: Ausrufesatz

2 Erfinde selbst einen Aussagesatz, einen Fragesatz, einen Ausrufesatz und einen Aufforderungssatz. Schreibe die Sätze ins Heft.

▸ Regelbuch: 22

3 Schreibe zum Bild fünf passende Aussagesätze. Benutze Präpositionen, z. B. auf/unter/vor/neben …

4 Stelle jemandem Fragen zu seinem Hobby. Schreibe passende Fragen auf. Die Fragewörter *Warum? Wo? Wer? Wann? Wie oft?* helfen dir.

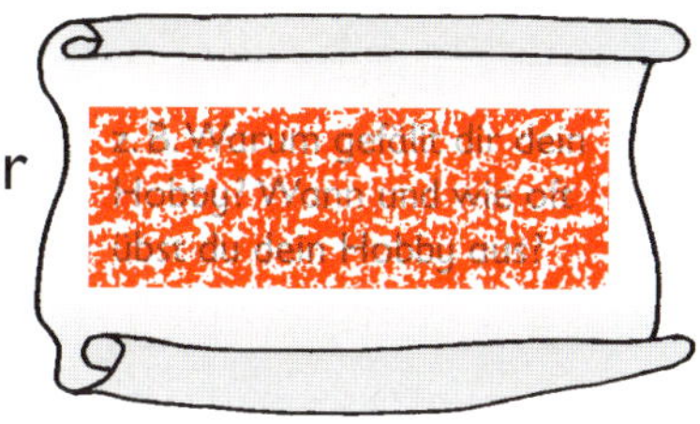

5 Schreibe passende Sätze in die Sprechblasen:

? Wo willst du weiterüben? → Level 1 → Level 2

Satzarten / Wörtliche Rede

1 Bilde jeweils aus den Satzgliedern einen Aussagesatz und einen Fragesatz.

oft | Jan | ins Kino | geht

[redacted]

essen | Schokolade | gern | sie

[redacted]

2 Bilde einen Ausrufesatz. Unterstreiche das Prädikat. Wo steht das Prädikat bei einem Ausrufesatz?

[redacted]

den Stift | mir | geben ______________________

3 Schreibe die Sätze aus den Sprechblasen mit den Zeichen der wörtlichen Rede auf. Regel 23 hilft dir.

[redacted]

Karlo ruft : „Mach ______________________

Er fragt ______________________

Karlo erklärt ______________________

4 a) Unterstreiche den Aussagesatz mit Rot, den Fragesatz mit Grün, den Ausrufesatz mit Blau.

Er schreit___Achtung, ein Auto kommt___

Der Mann fragt___Wie komme ich zum Bahnhof___

Nina antwortet___Sie müssen geradeaus laufen___

b) Ergänze die fehlenden Satzzeichen.

[illegible]

5 a) Male deinen Freund oder deine Freundin mit drei Sprechblasen auf ein Blatt Papier. Schreibe einen Aussage-, einen Frage- und einen Ausrufesatz in die Sprechblasen.

b) Schreibe die Sätze mit Begleitsatz auf wie in Aufgabe 4, z. B. *Timo fragt: „Wie spät ist es?" …*

6 Gib den Personen Namen. Schreibe ein Gespräch ins Heft, z. B. *Lena ruft: „Hallo Tom!"*
Tom fragt …

? Traust du dich jetzt an Level 2 ?

2 Satzarten/Wörtliche Rede

1 a) Lies den Text. Setze die fehlenden Satzzeichen ein.

Auf dem Spielplatz schreit Tim: „ Wo ist mein Bagger___

Sarah antwortet___ Er liegt hinter der Rutsche___

Glücklich ruft Tim___ Vielen Dank___

Oli schaukelt schon seit einer Stunde___

___ Lass mich mal schaukeln___ fordert ihn Jens auf.

Oli antwortet___ Dann gehe ich jetzt zur Rutsche___

Plötzlich schreit Olis Mama___ Komm jetzt, wir müssen nach Hause___

b) Unterstreiche Aussagesätze mit Rot, Fragesätze mit Grün, Ausrufesätze mit Blau.

- ☐ Nein, ich mache weiter.
- ☐ Ja, ich lese mir Regel 23 nochmals durch.
- ☐ Ja, ich blättere zurück zu S. 169, Aufgabe 4.

2 Welche Wörter statt *sagen* kannst du noch benutzen? Schreibe so viele wie möglich auf.

3 Ergänze passende Wörter aus dem Wortfeld *sagen* und die fehlenden Zeichen.

Die Mutter fragt: „Hat jemand angerufen?“

Die Frau ____________ laut ___ Hilfe ___

Lara ____________ Leihst du mir deinen Stift ___

Er ____________ Du kannst meinen Stift nehmen ___

Ralf ____________ Jemand hat mein Fahrrad gestohlen ___

4 Schreibe im Heft die Sätze aus Aufgabe 3 so um, dass der Begleitsatz hinter der wörtlichen Rede steht. Regel 23 hilft dir.
Z. B. „Hat jemand angerufen?“, fragt die Mutter.

5 Schreibe passende Gespräche in dein Heft,
z. B. Frau Maier schimpft: „Was hast du denn gemacht?“

T

Test: Satzarten / Wörtliche Rede

► Lösungen: Seite 177

1 Ergänze die passenden Satzzeichen. Schreibe auf, um welche Satzart es sich handelt. | 4

Gehst du mit mir ins Kino ☐ ____________________

Lass mich in Ruhe ☐ ____________________

Ich lese ein Buch ☐ ____________________

So eine Hitze ☐ ____________________

2 a) Ergänze die Satzzeichen der wörtlichen Rede. | 3

b) Unterstreiche den Aussagesatz mit Rot, den Fragesatz mit Grün, den Ausrufesatz mit Blau. | 3

Der Lehrer fragt__Wer weiß das Ergebnis?__

Timo antwortet__Das Ergebnis der Aufgabe ist 52.__

Jonas ruft__Pass auf!__

3 Trage die fehlenden Zeichen ein. | 5

Lisa stöhnt__So eine schwierige Aufgabe__ Kannst du mir helfen__

Ali antwortet ihr__Ich erkläre dir die Aufgabe__

Lisa ruft__Vielen Dank__ Wie kann ich mich nur bei dir bedanken__

Ali meint__Dafür kannst du mir bei den Englischvokabeln helfen__

Gesamtpunkte: ☐

► Tabelle, Seite 178

Mach mit!

► Schreibe zu jedem Bild einen Witz. Benutze die Sätze aus den Sprechblasen, z.B. *In der ersten Stunde fragt der Lehrer Jens: „Sag mal ….*

► **Spiel: Mach mit!**
Für dieses Spiel brauchst du einen Partner und mehrere Zettel. Schreibt auf jeden Zettel einen Aufforderungssatz, z.B. *Hüpfe zehnmal auf einem Bein! Mach das Fenster auf …*
Ein Spieler zieht einen Zettel und führt aus, was auf dem Zettel steht. Dann ist der andere Spieler an der Reihe.

A Lösungen zu den Tests

Seite 108: Nomen

1. die Schlüsselblumen, die Haustüren, die Teekannen, die Apfelbäume, die Schaukelpferde …

2. Du erhältst für jedes Nomen einen halben Punkt:
Heute machen Tina und Ralf einen Ausflug.
Es ist schönes Wetter. Sie fahren mit dem Fahrrad zum See.
Danach gehen sie in die Stadt und essen ein Eis.
Abends schauen sie im Kino einen spannenden Film an.

3. die Heiterkeit, die Frechheit, die Untersuchung, die Gemeinheit, die Umleitung

Seite 116: Verben

1. Du erhältst für jede Personalform einen halben Punkt:
ich kann; du kannst; er, sie kann;
wir können; ihr könnt; sie können

2. fahren: z. B. abfahren, wegfahren, vorfahren …
schicken: z. B. abschicken, wegschicken, verschicken …
singen: z. B. vorsingen, (sich) versingen, besingen …
suchen: z. B. versuchen, besuchen, aussuchen …

3. Du erhältst für jede Personalform einen halben Punkt:

Präsens	Präteritum	Perfekt
ich schieße	schoss	habe geschossen
sie singt	sang	hat gesungen
er schreibt	schrieb	hat geschrieben
wir vergessen	vergaßen	haben vergessen
ihr esst	aßt	habt gegessen

4. Präteritum: Ich schlief gut.
Perfekt: Du bist in die Schule gegangen.
Präteritum: Wir riefen laut um Hilfe.

Seite 124: Adjektive

1. täglich, mutig, gefährlich, sonnig
2. Du erhältst für jede Vergleichsform einen halben Punkt:

Grundform	1. Vergleichsstufe	2. Vergleichsstufe
hoch	höher	am höchsten
schwer	schwerer	am schwersten
lang	länger	am längsten
gut	besser	am besten

3. blitzschnell, messerscharf, zitronengelb
4. Du erhältst für jedes Adjektiv einen halben Punkt:
   schönen, neuen, kleinen, lange, leckere, roten, saftige, riesiges

Seite 132: Lange Vokale

1. Sieb – sieben, Fliege – fliegen, Liege – liegen, Wippe – wippen (= kurzes i)
2. Ich verstehe dich nicht. Sprich lauter! Thomas geht gern ins Kino.
   Lena sieht nachts eine Sternschnuppe.
3. er schlief, er hielt, er rief, er floh
4. trainieren, interessieren, probieren, studieren

Seite 140: Kurze Vokale

1. Pfütze – Mütze, Stück – Glück, schnell – Fell, retten – wetten
2. Du erhältst für jede Personalform einen halben Punkt:

	müssen	lassen
ich	muss	lasse
du	musst	lässt
er/sie	muss	lässt
wir	müssen	lassen
ihr	müsst	lasst
sie	müssen	lassen

3. Jan hat den Hauptpreis gewonnen. Er ist sehr glücklich.
4. Brü-cke, Wä-sche-trock-ner, Da-ckel-fell

Lösungen zu den Tests

Seite 148: Wörter mit ss/ß

1. Du erhältst für jedes Reimwort einen halben Punkt:
z. B. fressen – essen – messen
lassen – passen – fassen
muss – Kuss – Nuss

2. Du erhältst für jedes Wort einen halben Punkt:
Schloss, Schoß, Fluss, Fuß, Kuss, Fraß, Messer, Pass

3. Tom gießt jeden Tag die Blumen.
Ihr esst zu viele Süßigkeiten.
Eva vergisst oft ihr Mäppchen.
Du schließt die Tür zu.

4. Du erhältst für jede Personalform einen halben Punkt:

Präsens	Präteritum	Perfekt
Lena isst	aß	hat gegessen
Jan gießt	goss	hat gegossen
sie beschließt	beschloss	hat beschlossen
er weiß	wusste	hat gewusst

Seite 156: Wörter mit b/p, d/t, g/k

1. er gräbt – graben, sie springt – springen,
sie bemerkt – bemerken, er bleibt – bleiben

2. Habt ihr nicht bemerkt, dass ich geklopft habe?
Der Gärtner gräbt ein großes Loch im Garten.
Du bleibst heute am besten zu Hause.
Lena springt von einem großen Felsen ins Wasser.

3. riesig – der Riese
krank – die Krankheit
wolkig – die Wolke

4. Für jedes richtig ergänzte Wort erhältst du einen halben Punkt:
Am Montag bleibt Leo zu Hause. Er ist krank. Leo ist es langweilig.
Deshalb holt er einen Stift aus seinem Schrank und schreibt
einen Brief an seinen Freund.

Seite 164: Satzglieder

1. a) Für jedes richtig markierte Satzglied darfst du dir einen halben Punkt geben:
   Ich kaufe heute in der Stadt ein Buch für meine Schwester.

   b) z. B. Für meine Schwester kaufe ich heute ein Buch in der Stadt.
   Ein Buch kaufe ich heute in der Stadt für meine Schwester.
   Heute kaufe ich für meine Schwester ein Buch in der Stadt.
   In der Stadt kaufe ich heute für meine Schwester ein Buch.

2. Für jede richtige Kennzeichnung erhältst du einen halben Punkt:
   f Nach dem Dativ-Objekt fragst du mit *Wen oder Was?*
   r Nach dem Akkusativ-Objekt fragst du mit *Wen oder Was?*
   r Das Prädikat steht immer an zweiter Stelle.
   r Nach dem Subjekt fragst du mit *Wer oder Was?*

3. Für jedes richtig markierte Satzglied erhältst du einen halben Punkt:
   Gestern schenkte mir meine Mutter ein Buch.
   Am Samstag haben die beiden Freunde den Zaun gestrichen.
   Abends erzählt sie ihm eine spannende Geschichte.

Seite 172: Satzarten

1. Gehst du mit mir ins Kino? – Fragesatz
   Lass mich in Ruhe! – Aufforderungssatz
   Ich lese ein Buch. – Aussagesatz
   So eine Hitze! – Ausrufesatz

2. a) Du erhältst einen Punkt, wenn alle Redezeichen in einem Satz komplett sind.
   b) Du erhältst für jede richtige Unterstreichung einen Punkt.
   Der Lehrer fragt: „Wer weiß das Ergebnis?"
   Timo antwortet: „Das Ergebnis der Aufgabe ist 52."
   Jonas ruft: „Pass auf!"

3. Du erhältst für jede richtig gefüllte Lücke einen halben Punkt:
   Lisa stöhnt: „So eine schwierige Aufgabe! Kannst du mir helfen?"
   Ali antwortet ihr: „Ich erkläre dir die Aufgabe."
   Lisa ruft: „Vielen Dank! Wie kann ich mich nur bei dir bedanken?"
   Ali meint: „Dafür kannst du mir bei den Englischvokabeln helfen."

Beobachte deine Lernfortschritte

Hier kannst du deine Testergebnisse eintragen.
Ziehe nach jedem Test einen Querstrich bei deiner Punktzahl.
Male dann den Balken nach unten farbig aus.

	Nomen	Verben	Adjektive	Lange Vokale	Kurze Vokale	Wörter mit ss/ß	Wörter mit b/p, d/t, g/k	Satz- glieder	Satzarten/ Wörtliche Rede
15									
14									
13									
12									
11									
10									
9									
8									
7									
6									
5									
4									
3									
2									
1									

0–5 Punkte:
Du solltest das Thema noch mehr üben.
Die Lern-Detektive® bieten noch viele weitere Hefte an.
Informiere dich z. B. unter www.ravensburger.de.

6–11 Punkte:
Du hast gut geübt.
Die nächste Klassenarbeit kann kommen.

12–15 Punkte:
Das Üben hat sich richtig gelohnt.
Du hast auch knifflige Aufgaben geschafft. Sehr gut!

Wichtige Begriffe

Begriff	So kannst du auch sagen	Beispiel
Vokal	Selbstlaut	a, e, i, o, u
Konsonant	Mitlaut	b, c, d, f
Nomen	Hauptwort, Substantiv	Ball, Kind, Hund, Baum
Bestimmter Artikel	Bestimmter Begleiter	der, die, das
Unbestimmter Artikel	Unbestimmter Begleiter	ein, eine
Einzahl	Singular	Ball
Mehrzahl	Plural	Bälle
Pronomen	Fürwort: steht für ein Nomen	Der Hund bellt. – Er bellt.
Verb	Zeitwort, Tunwort	lachen, fahren, blühen
Grundform	Infinitiv	lernen
Personalform	Flektierte Form	ich lerne, du lernst, wir lernen
Präsens	Gegenwart	ich lerne
Präteritum	einfache Vergangenheit, Imperfekt	ich lernte
Perfekt	zusammengesetzte Vergangenheit	ich habe gelernt
Adjektiv/Grundstufe	Eigenschaftswort, Wiewort	groß, lustig, fröhlich
1. Vergleichsstufe **2. Vergleichsstufe**	Komparativ, Höherstufe Superlativ, Höchststufe	größer am größten
Satzglied	Satzteil	Lisa spielt.
Subjekt	Satzgegenstand	Lisa
Prädikat	Satzaussage	spielt
Wortfamilie/ Wortstamm	Alle Wörter mit gleichem Wortstamm, z. B. -SPIEL- gehören zu einer Wortfamilie.	spielen, Spielplatz, verspielt, spielerisch

A So übst du mit dem Regelbuch

Bevor du mit dem Üben beginnst, bastle dir dein eigenes Regelbuch.
So geht's:

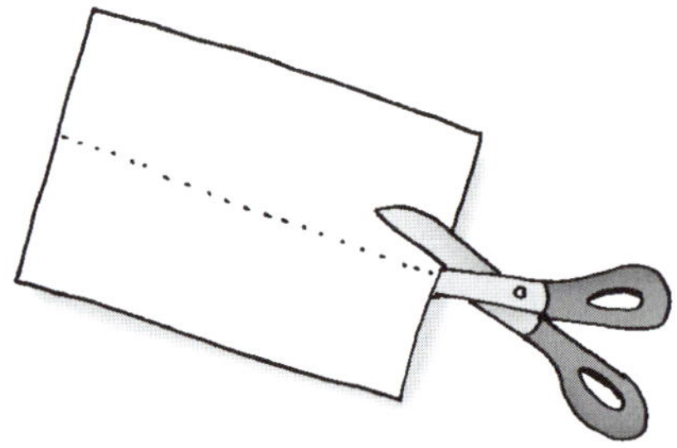

1. Schneide die Seiten am Ende des Buches entlang der gestrichelten Linien auseinander.

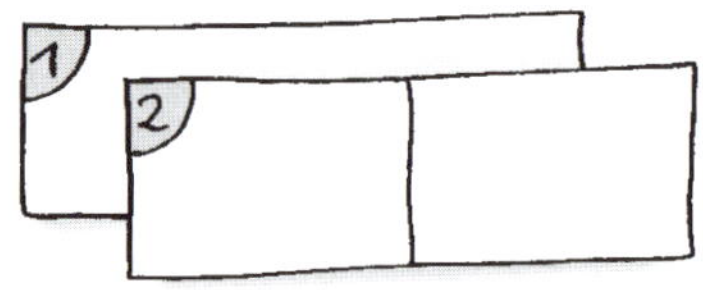

2. Ordne die Papierstreifen:
   Beginne mit Regel 1 und lege nacheinander Regel 2 bis 12 aufeinander.
   Achte auf die Zahlen links oben in der Ecke.

3. Lege die Streifen genau aufeinander und falte sie sorgfältig in der Mitte zusammen.

4. Nun musst du nur noch einen Bindfaden in die Falze der Mitte legen und die Enden miteinander verknoten. Fertig!

So kannst du mit dem Regelbuch üben:

1. Lies dir die Regel auf der linken Seite genau durch.

2. Sieh dir das Beispiel darunter an. Hast du es verstanden?

3. Teste die Regel mit der grünen Aufgabe:
   a) Ergänze die Lücken im Regelbuch sauber.
   b) Bearbeite den Tipp, wie du die Lernwörter üben kannst, in deinem Übungsheft.

Regelbuch Deutsch, 4. Klasse

4. Klasse
Deutsch
Regelbuch

Wörtliche Rede
Die wörtliche Rede wird mit Anführungszeichen gekennzeichnet. Der Begleitsatz kann vor oder nach der wörtlichen Rede stehen.

A: Begleitsatz vor der wörtlichen Rede
Jan fragte: „Wie geht es dir?“
Tina antwortete: „Danke, gut.“

B: Begleitsatz nach der wörtlichen Rede
„Wie geht es dir?“, fragte Jan.
„Danke, gut“, sagte Tina. (Beachte: Der Punkt beim Aussagesatz entfällt!)

Teste die Regel
So kannst du die **Nomen** aus deiner Wörterliste üben (siehe Seite 7, Aufgabe 5):

a) Ordne die Nomen nach den Artikeln: der/die/das.

b) Schreibe die Mehrzahl der Nomen auf.

c) Bilde mit den Nomen lustige Sätze.

d) Bilde eine Wörterkette, z. B. HOSE – ELEFANT – T…
Fange mit Nomen aus deiner Liste an und suche dann neue Wörter.

1

Nomen (Namenwörter)

Nomen sind Namen für Menschen, Dinge oder Tiere.
Sie werden großgeschrieben. Nomen erkennst du daran, dass sie einen Artikel (Begleiter) haben.
Die bestimmten Artikel heißen: der, die, das.
Die unbestimmten Artikel heißen: ein, eine.
Nomen kannst du oft in die Mehrzahl setzen.

Beispiel

Einzahl: der Baum, ein Baum
Mehrzahl: die Bäume

Teste die Regel

Ergänze die Zeichen der wörtlichen Rede.

Was machst du heute fragte meine Freundin.
Ich antwortete Ich gehe ins Freibad
Susi fragte Gehst du jetzt mit mir ins Kino
Ich habe keine Zeit antwortete ihre Freundin Caroline.

[redacted]

2

Verben (Tunwörter)

Verben sagen, was Menschen, Tiere oder Dinge tun.
Sie werden kleingeschrieben.
Verben haben eine Grundform und eine Personalform.

Beispiel

Grundform: gehen
Personalform: ich gehe, du gehst, er/sie/es geht,
wir gehen, ihr geht, sie gehen.

Teste die Regel

Ergänze die Satzzeichen. Schreibe die Satzart dazu.

Hast du Lust, mit mir zu spielen__

________________________ [redacted]

Lea bekommt zum Geburtstag einen Ball__

________________________ [redacted]

Igitt, eine Spinne__

________________________ [redacted]

3

Vorsilben

Vorsilben sind Wortbausteine.
Du kannst damit die Bedeutung von Wörtern verändern.
Häufige Vorsilben sind ver-, vor-, ab-, aus-, ein-.
Merke dir:
Die Vorsilben ver- und vor- werden mit *v* geschrieben.

Beispiel

lesen: vorlesen
raten: verraten
messen: abmessen

Teste die Regel

Suche in diesen Sätzen das Dativ-Objekt.

Oli schenkt seinem Freund ein Buch.
Wem oder was? ____________

Meine Oma strickt mir eine warme Mütze.
Wem oder was? ____________

Susi leiht Tina einen Stift aus.
Wem oder was? ____________

4

Zeitformen

Verben (Tunwörter) werden
in verschiedenen Zeitformen verwendet.
Was schon geschehen ist, ist Vergangenheit.
Was gerade passiert, ist Gegenwart.
Was noch geschehen wird, ist Zukunft.

Beispiel

Vergangenheit: Ich habe gelernt. *oder* Ich lernte.
Gegenwart: Ich lerne.
Zukunft: Ich werde lernen.

Teste die Regel

Suche in diesen Sätzen das Akkusativ-Objekt.

Sven hat ein rotes Auto.
Wen oder was? ____________

Meine Mutter näht einen Knopf an.
Wen oder was? ____________

Susi trinkt ein Glas Wasser.
Wen oder was? ____________

22

Satzarten

Sätze, die etwas erzählen oder aussagen,
heißen Aussagesätze und enden mit einem Punkt **.**.
Sätze, mit denen etwas gefragt wird,
heißen Fragesätze und enden mit einem Fragezeichen **?**.

Sätze, die einen Ausruf oder eine Aufforderung enthalten,
heißen Ausrufesätze oder Aufforderungssätze. Sie enden
mit einem Ausrufezeichen **!**.

Teste die Regel

So kannst du die **Verben** aus deiner Wörterliste üben:

a) Schreibe die Verben in verschiedenen Personalformen auf.

ich, du, er/sie/es,
wir, ihr, sie

b) Bilde sinnvolle Sätze mit den Verben.

c) Setze die Verben ins Perfekt und ins Präteritum.

21

Dativ-Objekt (Ergänzung im Wem-Fall)

Das Satzglied, das auf die Frage Wem oder was? antwortet,
nennt man Dativ-Objekt (Ergänzung im Wem-Fall).

Beispiel

Lisa kauft ihrem Bruder ein Eis.
Wem kauft Lisa ein Eis? – ihrem Bruder

Teste die Regel

Setze Vorsilben vor das Verb *legen*.
Merkst du, wie sich die Bedeutung verändert?

ver- ein- aus- weg- ab- | legen

5

Präteritum (einfache Vergangenheitsform)

Um auszudrücken, dass etwas in der Vergangenheit passiert ist, kann man das Verb im Präteritum (einfache Vergangenheitsform) verwenden.
Das Präteritum brauchst du oft, wenn du über etwas Vergangenes schreibst.

Beispiel

lesen: ich las
lernen: wir lernten
gehen: er ging

Teste die Regel

Suche in diesen Sätzen das Prädikat.

Tom fährt mit dem Fahrrad zur Schule.

Was tut Tom? ____________

Meine Mutter näht einen Knopf an.

Was tut meine Mutter? ____________

Der Tisch steht im Esszimmer.

Was tut der Tisch? ____________

6

Perfekt (zusammengesetzte Vergangenheitsform)

Um auszudrücken, dass etwas schon länger zurückliegt, kann man das Verb im Perfekt (zusammengesetzte Vergangenheit) verwenden.
Das Perfekt brauchst du oft, wenn du etwas Vergangenes mündlich erzählst.

Beispiel

lesen: ich habe gelesen
lernen: du hast gelernt
gehen: er ist gegangen

Teste die Regel

Suche in diesen Sätzen das Subjekt.

Tom fährt mit dem Fahrrad zur Schule.

Wer? ____________

Meine Mutter näht einen Knopf an.

Wer? ____________

Der Tisch steht im Esszimmer.

Wer oder was? ____________

20

Akkusativ-Objekt (Ergänzung im Wen-Fall)

Das Satzglied, das auf die Frage Wen oder Was? antwortet, nennt man Akkusativ-Objekt (Ergänzung im Wen-Fall).

Beispiel

Anna isst einen Apfel.
Wen oder was isst Anna? – einen Apfel

Tom spült das Geschirr ab.
Wen oder was spült Tom ab? – das Geschirr

Teste die Regel

Verbinde die Sätze mit der richtigen Zeitform:

1) Vergangenheit | 2) Gegenwart | 3) Zukunft

a) In den letzten Ferien flogen wir nach Afrika.
b) Ich lese gerade ein Buch.
c) Gestern habe ich ein Eis gegessen.
d) Morgen werde ich meine Oma besuchen.

19

Prädikat (Satzaussage, Satzkern)

Das Satzglied, das auf die Frage Was tut? oder Was geschieht? antwortet, nennt man Prädikat (Satzaussage, Satzkern).
Das Prädikat kann einteilig oder zweiteilig sein.

Beispiel

Anna isst einen Apfel.
Was tut Anna? – isst (Grundform: essen)

Zweiteiliges Prädikat:
Thomas spült das Geschirr ab.
Was tut Thomas? – spült … ab (Grundform: abspülen)

Teste die Regel

Setze die Sätze in die einfache Vergangenheit.

Mein Onkel schickt mir eine Postkarte.
Ich fahre Fahrrad.

____

____

7

Adjektive (Wiewörter)

Adjektive beschreiben,
wie Menschen, Tiere oder Dinge sind.
Die meisten Adjektive kannst du steigern.
So kannst du vergleichen.

Beispiel

Grundform:	weit
1. Vergleichsstufe:	weiter
2. Vergleichsstufe:	am weitesten

Teste die Regel

Stelle den folgenden Satz zweimal um.
Kreise dann jedes Satzglied einzeln ein.

Tom geht mit seinen Freunden gern ins Kino.

[redacted]

8

Wörter mit ie

Sprichst du in einem Wort das i lang,
schreibst du meistens ie.

Beispiel

Dieb
tief
sieben

Teste die Regel

So kannst du die Wörter aus deiner Liste üben:

a) Bilde bei den Nomen die Mehrzahl, bei den Verben die Grundform. Setze die Adjektive vor ein Nomen.

b) Bilde zu jedem Wort einen Unsinnssatz, z. B. Der Weg schreibt ein lustiges Bild.

c) Überlege dir zu jedem Wort ein Wörterrätsel, z. B. Mein Wort endet mit g. Die gesuchte Person hat eine Krone.

18

Subjekt (Satzgegenstand)
Das Satzglied, das auf die Frage Wer oder Was?
antwortet, nennt man Subjekt (Satzgegenstand).

Beispiel
Eva kauft ein Buch in der Stadt.
Wer kauft ein Buch? – Eva.

Der Ball rollt ins Tor.
Was rollt ins Tor? – Der Ball.

Teste die Regel
Setze die Sätze in die zusammengesetzte Vergangenheit:

Mein Onkel schickt mir eine Postkarte.
Ich fahre Fahrrad.

[redacted]

17

Satzglieder
Ein Satz besteht aus einzelnen Wörtern.
Man kann diese Wörter umstellen.
Die Wörter, die beim Umstellen immer zusammenbleiben, bilden ein Satzglied.

Beispiel
Lisa | baut | mit ihrem Bruder | am Strand | eine Sandburg.

Tom | liest | im Bett | ein Buch.

Teste die Regel
So kannst du die **Adjektive** aus deiner Wörterliste üben:

a) Schreibe die Adjektive mit den Vergleichsstufen auf,
z. B. groß – größer – am größten.

b) Bilde zu jedem Adjektiv einen Satz,
z. B. Ich bin größer als meine kleine Schwester.

c) Suche passende Nomen zu deinen Adjektiven,
z. B. die kleine, graue Katze.

d) Suche, wenn möglich, das Gegenteil zu den Adjektiven.

9

Wörter mit Dehnungs-h

Wird ein Vokal (Selbstlaut) lang gesprochen, folgt oft ein h.
Achtung: Das h hörst du beim Sprechen nicht.
Man nennt dieses stumme h Dehnungs-h.
Lerne die Wörter mit dem Dehnungs-h auswendig!

Beispiel

Sahne
Kohle
fehlen

Teste die Regel

So kannst du die **ß-Wörter** aus deiner Liste üben:

a) Schreibe die Nomen mit Artikel auf, die Verben in einer Personalform und die Adjektive mit den Vergleichsstufen.

b) Markiere jeweils den langen Vokal mit einem Strich.

c) Bilde zu jedem Wort einen Fragesatz, z. B. Wer schließt die Tür?

10

Doppelte Konsonanten (Mitlaute)

Die Buchstaben a, e, i, o, u nennt man Vokale (Selbstlaute).
Alle anderen Buchstaben heißen Konsonanten (Mitlaute).
Nach einem kurzen Vokal folgen normalerweise mindestens zwei Konsonanten. Hörst du nach dem kurzen Vokal einen Konsonanten, musst du ihn doppelt schreiben.

Beispiel

Pfiff
klettern
flattern

Teste die Regel

So kannst du die **ss-Wörter** aus deiner Liste üben:

a) Schreibe die Nomen mit Artikel auf, die Verben in einer Personalform und die Adjektive mit den Vergleichsstufen.

b) Markiere jeweils den kurzen Vokal mit einem Punkt.

c) Schreibe eine kurze Geschichte, in der möglichst viele ss-Wörter vorkommen.

16

Wörter mit b/p, d/t, g/k

Damit du bei g/k, b/p und d/t hörst, wie das Wort am Ende geschrieben wird, musst du es verlängern.
Verlängere auch Verben, bei denen du entscheiden musst, ob du g oder k, b oder p, d oder t in der Mitte einsetzt.

Verlängere so:

Bilde bei Nomen die Mehrzahl: der Weg – die Wege.
Bilde bei Verben die Grundform: er stieg – steigen, er schreibt – schreiben.
Setze Adjektive vor ein Nomen: lustig – ein lustiges Buch.

Teste die Regel

So kannst du die **ie-Wörter** aus deiner Liste üben:

a) Schreibe die Nomen mit Artikel auf, die Verben in einer Personalform und die Adjektive mit den Vergleichsstufen.

b) Markiere jeweils den langen Vokal mit einem Strich.

c) Bilde Sätze, in denen möglichst viele ie-Wörter vorkommen.

15

Wörter mit ß

Das ß steht nach einem lang gesprochenen Vokal (Selbstlaut).
Beachte:
Nach den Doppellauten ei, eu, ie, au, äu steht auch oft ß.

Beispiel

Spaß
Soße
draußen

Teste die Regel

So kannst du die Wörter mit **Dehnungs-h** aus deiner Liste üben:

a) Schreibe die Nomen mit Artikel auf, die Verben in einer Personalform und die Adjektive mit den Vergleichsstufen.

b) Markiere jeweils den langen Vokal mit einem Strich.

c) Bilde zusammengesetzte Nomen mit den Wörtern aus deiner Liste, z. B. Zahnbürste.

11

Wörter mit tz

Das tz steht nach einem kurz gesprochenen Vokal (Selbstlaut).

Beispiel

kratzen
Witz
Mütze

Teste die Regel

Immer ein Wort gehört nicht zur Familie.
Streiche es durch.

-lieb-: die Liebe, verliebt, das Lied, lieblich

-ziel-: zielen, gezielt, die Zielgerade, die Ziege

-zahl-: die Zahl, zählen, bezahlbar, die Zahnbürste

12

Wörter mit ck

Das ck steht nach einem kurz gesprochenen Vokal.

Beispiel

Rock
Decke
Backe

Teste die Regel

So kannst du die **ck-Wörter** aus deiner Liste üben:

a) Schreibe die Nomen mit Artikel auf, die Verben in einer Personalform und die Adjektive mit den Vergleichsstufen.

b) Markiere jeweils den kurzen Vokal mit einem Punkt.

c) Suche verwandte Wörter aus der Wortfamilie, z. B. Decke – zudecken – Picknickdecke …

14

Wörter mit ss

Das ss steht nach einem kurz gesprochenen Vokal (Selbstlaut).

Beispiel

messen
lassen
wissen

Teste die Regel

So kannst du die **Wörter mit doppelten Konsonanten** aus deiner Liste üben:

a) Schreibe die Nomen mit Artikel auf, die Verben in einer Personalform und die Adjektive mit den Vergleichsstufen.

b) Markiere jeweils den kurzen Vokal mit einem Punkt.

c) Suche, wenn möglich, Reimwörter, z. B. summen – brummen.

13

Wortfamilie

Verwandte Wörter gehören zu einer Wortfamilie.
Die Verwandtschaft erkennst du am Wortstamm:
Alle Wörter mit gleichem Wortstamm gehören zu einer Wortfamilie.

Beispiel

Wortstamm: -fahr-
Wörter aus dieser Wortfamilie:
fahren, abfahren, der Fahrer, die Fahrt, die Autofahrt …

Teste die Regel

So kannst du die **tz-Wörter** aus deiner Liste üben:

a) Schreibe die Nomen mit Artikel auf, die Verben in einer Personalform und die Adjektive mit den Vergleichsstufen.

b) Markiere jeweils den kurzen Vokal mit einem Punkt.

c) Ordne deine tz-Wörter nach dem Alphabet.